A Totally
Non-Scary Guide
to Chemistry
and Why It Matters

INCREDIBLE ELEMENTS

秘密的秘密

超乎想象的化学

[英] 乔尔·利维 著

陈 寅 译

世界图书出版公司
北京·广州·上海·西安

图书在版编目（CIP）数据

秘密的秘密：超乎想象的化学 /（英）乔尔·利维著；陈寅译.
—北京：世界图书出版有限公司北京分公司，2025.5
ISBN 978-7-5232-0616-4

Ⅰ.①秘… Ⅱ.①乔… ②陈… Ⅲ.①化学—普及读物 Ⅳ.①O6-49

中国国家版本馆CIP数据核字（2024）第101297号

书　　名	秘密的秘密：超乎想象的化学
	MIMI DE MIMI: CHAOHU XIANGXIANG DE HUAXUE
著　　者	〔英〕乔尔·利维
译　　者	陈　寅
责任编辑	金　博
出版发行	世界图书出版有限公司北京分公司
地　　址	北京市东城区朝内大街137号
邮　　编	100010
电　　话	010-64038355（发行）　64033507（总编室）
网　　址	http://www.wpcbj.com.cn
邮　　箱	wpcbjst@vip.163.com
销　　售	新华书店
印　　刷	北京华联印刷有限公司
开　　本	710mm×1000mm　1/16
印　　张	9.25
字　　数	150千字
版　　次	2025年5月第1版
印　　次	2025年5月第1次印刷
版权登记	01-2019-4178
国际书号	ISBN 978-7-5232-0616-4
定　　价	48.00元

译 者 的 话

化学是研究物质的结构、组成、性质、变化，以及与物质变化过程相伴随的能量转变的科学。从衣食住行到太空探险，从古代化学实用技术到现代人工智能技术，当今化学发展日新月异，化学与其他学科之间不断交叉融合，其发展的深度、广度和复杂程度前所未有。化学的本质是创造新物质，化学的魅力在于探索奥妙无穷的微观世界。因此，了解和掌握一些实用的化学知识，对于现代人类而言是应该的。

作者乔尔·利维（Joel Levy）是一位专注于科学与自然主题的作家和记者，撰写了许多大众科学和哲学方面的图书。读史可以使人明智，本书以化学元素为主角，并穿插许多重要化学概念和原理的起源，通过图文并茂的版式与生动有趣的故事，带领我们追根溯源，让我们了解课本上学不到的科学发展背后的秘密，以及科学家的思维方法。本书适合于没有化学基础，或具有初级化学水平，或对化学史感兴趣的读者阅读。希望本书能给你以智慧和力量，启迪未来。

虽然本书只是一本小书，但是将它翻译得适合国人阅读，依然具有不小难度。译者在忠实于原著的基础上，对个别内容进行适当调整修订，或以译注的形式进行补充，以便读者更好地理解。本书编辑金博老师做了大量辅助工作，才使翻译工作得以顺利进行。另外由于时间仓促以及译者知识面有限，译文中肯定有疏漏或欠妥之处，期望读者朋友们批评指正。

最后，译者想说：不论你是否学过化学，本书一定会成为你最难忘的一堂化学课。如果它碰巧在您的手边，那就请打开它，让它带您踏上美丽的化学元素之旅吧！

陈 寅

2025年3月

目录

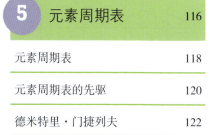

欢迎来到
化学的世界

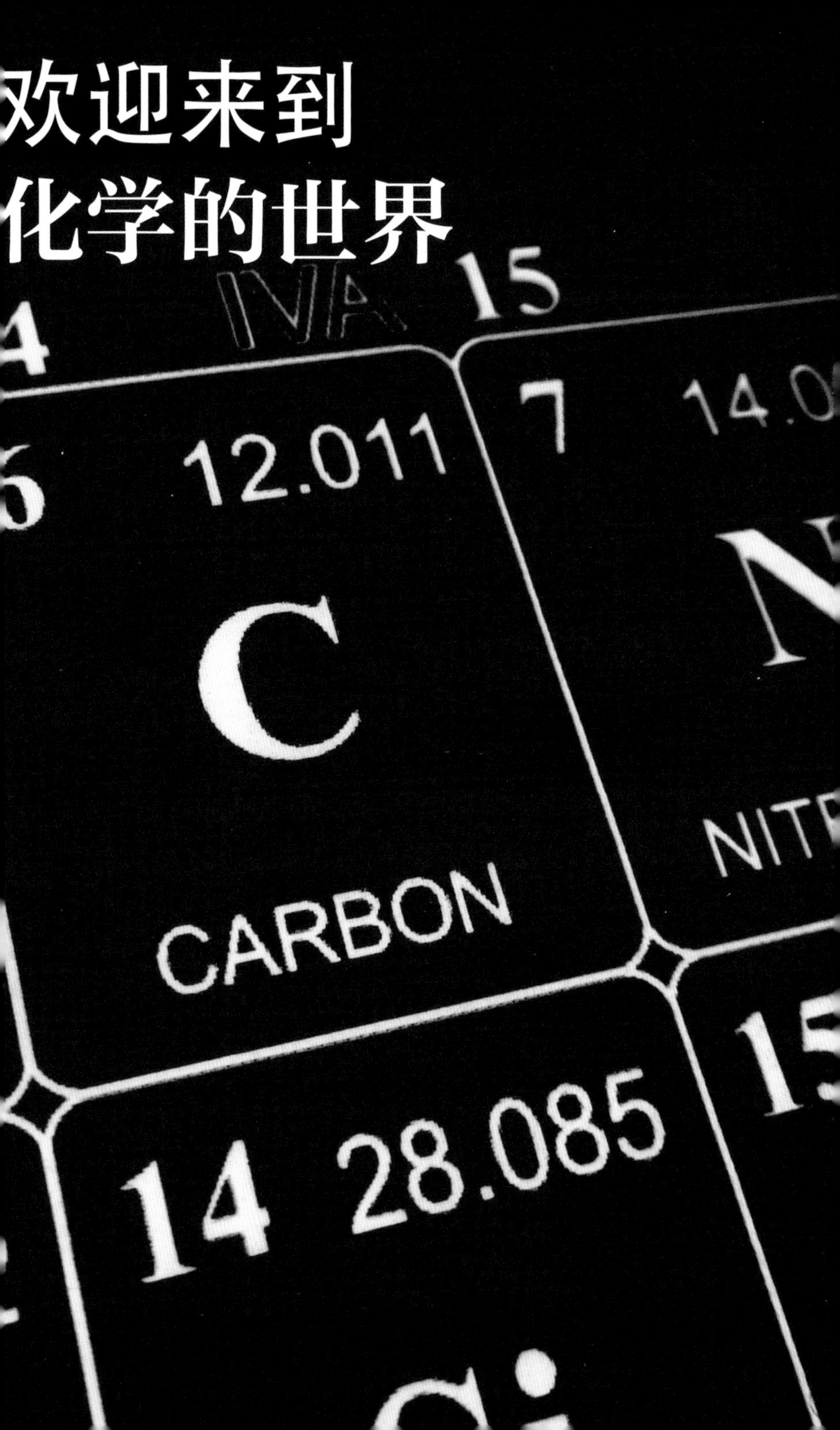

IVA 15

4

6 12.011

7 14.0

C

N

CARBON

NITR

14 28.085

15

Si

波义耳
英国化学家

拉瓦锡
法国化学家

道
英

01 02 0

1661年
提出元素的概念
标志着近代化学
的诞生

1774年
提出燃烧的氧化学说
使近代化学取得了革
命性的进展

1803
提出
为近
奠定

阿伏伽德罗
意大利科学家

门捷列夫
俄国化学家

3 04 05

家

1811年
提出分子学说
使人们对物质结构的认
识发展到一个新的阶段

1869年
发现元素周期律
使化学的研究变
得有规律可循

发展
础

初识化学

化学是一门神奇而有趣的科学，字面解释就是"变化的科学"。严格来说，化学是在分子、原子层次上研究物质性质、组成、结构与变化规律的科学。从古到今，人们深刻体会着化学在日常生活中散发的魅力和它的神奇。让我们怀揣好奇心，用科学的眼光去观察世界，探索化学领域的奥秘。

启迪灵感、改变世界的科学

大部分人听到"化学"这个词，脑海里就会浮现出试管、煤气灯、做实验穿的白大褂，联想到奇怪的气味，以及在内心深处预期会发生的爆炸。上述这些只是在学校上化学课时得到的粗浅经验，不是化学真正的模样。通过阅读本书，你会了解化学是如何改变人类、赋予文明生命、激起神秘主义者和魔术师的想象力，同时造就史上最伟大的科学家。

图1　蛇怪蜥蜴[1]能在水面上奔跑。

> 化学……取得更高层次心智的最强大的手段之一……因为它能为我们周围的生活创造奇迹。
>
> ——尤斯图斯·冯·李比希[2]

阅读本书不需要具备任何化学知识，因为作者会用简单明白的方式，从最基本的概念到最深奥的物质定律逐一解释给你听。你只要有冒险精神和好奇心就够了。在此过程中，你会认识一些怪异而了不起的人物，并学到许多有趣的小知识，例如面包为何会膨发、冰块为何会漂浮、蜥蜴为何能在水上行走（或至少是奔跑）等等。

---

① 蛇怪蜥蜴有长长的脚趾，每个脚趾周边都有一层鳞屑，它们一般身轻如燕，在水上走时，不会打破水面张力的平衡。体型更大的蛇怪蜥蜴能以合适的角度摆动两条腿，上演"水上漂"。——译注
② 尤斯图斯·冯·李比希（Justus von Liebig，1803—1873年）是德国化学家、化学教育家，被称为"有机化学之父""肥料工业之父"。——译注

揭开物质的奥秘

    有关化学的知识一直都在增长，而且增速远超我们大多数人的想象。目前，我们知道的天然或人工的化学物质已超1亿种[①]。但在1965年，人们发现和合成的化学物质仅有50万种，即便是这个数字，也已经远远超出200年前化学家的想象。

    为了便于读者阅读理解，本书重点放在无机化学——探讨除了碳以外的其他元素（见第9页）及其化合物。有些简单的碳化合物，例如二氧化碳和碳酸钙（如粉笔、石灰石等），也属于无机化学的研究领域。

    化学史上许多事件跟无机化学有关，所有这些情节经常交织在一起，构成一部精彩的故事。化学的发展是科学史上最伟大的冒险之一，充满了各式各样的痴迷、贪婪、危险、希望和灵感，本书的每一章都是这个故事的一个篇章。

> 化学的发展是科学史上最伟大的冒险之一，充满了各式各样的痴迷、贪婪、危险、希望和灵感。

图2　化学的前身是炼金术（alchemy），是以早期希腊哲学思想为基础的科学和艺术的奇怪混合体。炼金术士对他们自己的工作高度保密。

图3　化学研究在17世纪有了新的科学方法。罗伯特·波义耳（Robert Boyle）终其一生都在开拓此研究方法，他把化学确立为科学，后人称他为"近代化学之父"。

[①] 化学不断地发展着，目前，人们发现和合成的物质已有上亿种，其中很多是自然界中原本不存在的。——译注

图4 1869年是化学史上关键的一年，因为俄国化学家德米特里·门捷列夫（Dmitry Mendeleyev）发现了元素周期律，并设计出第一张元素周期表。

程。故事的高潮是发现了化学的关键——元素周期律，而结局则是一项古老追寻的实现——一种物质会变成其他的物质。

在这趟史诗般旅程中的每个阶段，我们力求用最少的数学和公式介绍最基本的化学概念，以便让每个人都能破译元素背后隐藏的密码，进而理解我们身边的世界。

人类历经千年的探索，试图揭开物质的奥秘，本书将为你讲述早期人类如何运用化学来生火煮食物、古埃及人精巧的化学技术和古希腊人对自然界的解释。书中探讨了结合科学和魔法的炼金术、科学革命带来的转变以及寻找元素的过

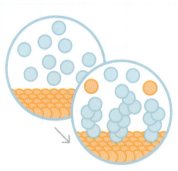

图5 铜（Cu）置换出硝酸银溶液中的银（Ag）。

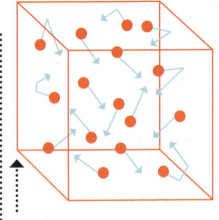

图6 气体粒子随机进行直线运动，直到撞上容器壁。

原子、分子、元素和化合物

在继续往下说之前，我们先来看几个最基本的术语和概念。化学家经常使用的两个术语是"原子"和"分子"，还有"元素"和"化合物"。它们之间有什么区别呢？

在一般意义上，原子是物质的最小单位。

元素是具有相同核电荷数（质子数）的同一类原子的总称。元素由同一类原子构成，不同种类的原子构成不同的元素，例如碳元素只含有碳原子。某些元素的原子是保持独立的单原子的状态，例如氦。

元素的原子通过化学键结合在一起，形成分子，例如纯氧气体由氧分子组成，而每个氧分子都是由两个氧原子键合而成。

目前已知的元素有118种。

化合物中包含两种或两种以上的不同元素，不同元素通过化学键结合，形成物质。在化学反应的过程中，原子和分子相互作用，产生新的排列组合，于是生成化合物，例如碳元素和氧元素结合，生成化合物二氧化碳：碳原子和氧分子反应，生成二氧化碳分子。

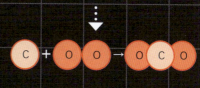

本书对这些术语还会有更详细的说明。关于原子，请见第28—29页；关于元素，请见第24—25页；关于化学键，请见第64—65页；关于化学反应，请见第38—39页。

古代世界的化学

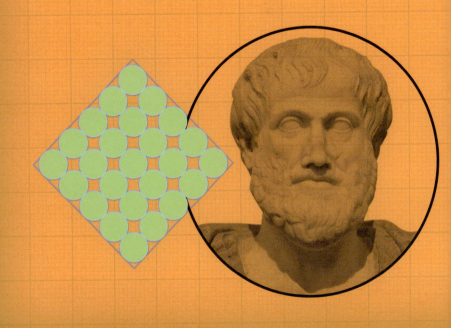

本章将探讨古时候留下的丰富化学遗产，时间可以追溯到史前时期、古埃及和古希腊时代。本章也介绍了物质和能量的重要概念，甚至还有让吐司变好吃的秘密。虽然史前和古代的历史比科学发展的历史还要长远，但在这些尚未拥有高度复杂技术的时代，就已经有让后人惊叹的先进化学技术，并且见证了现代物质和元素观念的诞生。

古老的化学

　　化学看上去像是一门现代科学。事实上，在启蒙运动时期，化学就被视为一门科学。启蒙运动是18世纪欧洲的一场文化运动，这场运动认为比起传统和宗教，科学和逻辑能给大众带来更多的知识。但其实化学和人类文明一样古老——你甚至可以说，人类之所以成为人类，就是因为懂得运用化学。不管是否意识到，在人类诞生之初，我们的祖先就已经在运用化学的基本原理了。

用火的开端

　　人类演化的转折点之一，就是学会利用燃烧来控制自然环境。"燃烧"是指碳的氧化：在放热的化学反应中碳和氧相结合（以光和热的形式释放能量），换句话说也就是着火。在地球上，碳自燃的情况非常少见，因为典型的燃烧反应需要活化能，也就是提高让反应开始进行的能量（请见第38—39页）。

　　有证据显示，直立人（*Homo erectus*），也就是智人（*Homo sapiens*）的祖先，会利用火烧的方式清理栖息地，并能用火来驱赶猎物。一开始很可能是雷击引起的天然火灾，让人开始用火。据推测，智人进化以后，我们的祖先学会了如何产生燃烧所需的活化能，例如通过打火石产生火花，或是通过摩擦木条产生热。

　　自此之后，其他许多技术也跟着进步了。对人类的进化而言，最重要的一件事也许就是发现了烹煮食物的化学方法（详见第14—15页）。这增加了人类可以食用的食物种类，开启了高热量和高蛋白质饮食的新选择。

图7　史前人类发现生火的方法是人类进化的关键一步。

••• 图8　在欧洲石器时代的遗址中，发现了使用红色和黄色赭石颜料的绘画，这幅野牛图像拍摄自西班牙阿尔塔米拉洞窟（约公元前16500—前15000年）。

烟火技术

●●●●●●●●●

　　充分掌握了燃烧的化学后，人类又发展出烟火技术。英文的"pyrotechnics"（烟火技术）这个字，源自希腊文的"pyr"（火）和"tekhne"（技术）。最早期的烟火技术之一，是处理作为颜料用的赭石。赭石是一种黏土矿物，因为含有赤铁矿而呈现黄褐色。赤铁矿是一种名叫水合氧化铁（Ⅲ）的化合物，化学式为Fe_2O_3（有关化学符号的介绍，请见第110—111页）。史前人类发现，加热赭石至较高的温度（260℃～280℃），能生成更多元的颜色，尤其是醒目的红色。

　　懂得赭石加工之后，从事烟火技术的人接着可能就将目光转向了燧石和黏土。热处理会改变燧石的结构，使其形成更锋利的边缘，让工具更好用，从而烧制出工艺更先进的陶器。

金属时代

　　烟火技术带动了冶金学（对金属提取、制备、加工技术的研究）的发展，也让史前文明向前迈进，一路从石器时代进入铜器时代，再到青铜器时代，最后进入铁器时代。人们对金属的化学性质的认识正好反映了这些时代的演进顺序。容易与氧和其他元素发生反应的金属，在自然界中绝不会以金属单质的状态出现。相反地，不易与其他元素发生反应的金属，则常以金属单质的状态出现，因此较容易开采和加工。

　　黄金是最不易发生反应的金属之一，也应该是人类最早使用的金属之一，不过黄金太柔软，除装饰外，几乎没有其他用途。铜也以金属单质的形式存在，而通过烟火技术，可以从铜矿石中提炼出金属，熔化后可倒入模具中铸造。含铜和锡的矿石有时会伴生，熔炼后会产生合金（也就是金属的混合物），而铜加上锡就是我们所说的青铜。地球上的铁矿石比铜锡矿石更多，但铁的熔点很高，在窑炉技术进步之前不容易冶炼。到了公元前1100年左右，古代冶金工匠发现，用木炭重新加热不纯的铁，可以制造出钢。

烹饪中的化学

　　每个人烹饪时都是化学家。厨房就像化学实验室，在烹饪的过程中，食材主要发生的是化学变化。烹饪时，你利用热量促使食物分子之间产生化学反应，转变为其他分子。这个过程让煮熟的食物产生新的特性，改变了原有的味道、气味、颜色、黏稠度、营养成分，甚至是毒性。

　　烹饪时，食物的化学性质因加热而发生变化，使许多复杂的大分子分解成较小的分子。有些变化对人体很重要，因为它们利于我们进食后顺利消化食物中的化学物质，例如肉类中坚韧的蛋白质经过烹饪会分解成更易消化的物质。加热也利于食物中的化学物质发生反应。

来自东方的酵母

　　不是所有的烹饪方式都需要加热。史前人类应该就开始利用酵母了不起的化学能力，但第一瓶葡萄

图9　法国化学家路易·卡米拉·美拉德。

图10　可曾想过为什么刚出炉的面包色香味俱佳，让人看了直流口水？这要归功于美拉德反应。

酒直到公元前4000年才在美索不达米亚地区诞生。几乎同一时期，古埃及也开始酿造啤酒。

　　在制作面包的过程中，揉面团是一种通过机械方式改变食品化学性质的例子。揉捏会让面团中的蛋白质（酵母主要成分之一）形成有弹性的长链，可使面团在酵母作用下产生气体而膨发。酵母是一种真菌，可以把糖类转化为酒精，并在转化的过程中放出二氧化碳，这种反应过程叫做发酵。虽然发酵会产生酒精，但在烘焙过程中，大部分酒精会因受热而挥发。

炉灶上的魔法

法国化学家路易·卡米拉·美拉德（Louis Camille Maillard，1878—1936年）发现了最重要的烹饪反应之一。1912年，美拉德发现，若给蛋白质和碳水化合物提供足够的热量，两者会发生反应，产生独特的新分子，让有些烹饪过的食物具有独特的口感、气味和颜色。

焦糖化作用（把糖变成焦糖）是另一种只有在加热时才会发生的反应。糖分子中的羟基以水分子形式变成水蒸气被赶走（即脱水反应），从而转化为新的糖分子，最后再变成其他带有坚果味的褐色分子。美拉德反应和焦糖化作用一起发生时，会让食物产生独特的口感、气味和颜色，例如新鲜出炉的面包、烤肉、烘焙咖啡豆和爆米花。

为什么人们会因这些香气、味道和外观而胃口大开呢？因为在烹饪的过程中释放的化学物质，许多都很像成熟水果所散发的气味分子。水果是富含能量的糖类的来源，必定深深吸引着我们的祖先，成为他们饮食中不可或缺的组成部分。

烹饪使人类有别于其他动物

人类学家认为，烹饪化学是人类进化背后的推动力。烹饪使食物更容易也更快地被进食和消化，释放出更多的能量，并允许更广泛的食物纳入食谱。煮熟的食物，尤其是肉类，可以不必咀嚼那么久、耗能那么多就被人体吸收，看起来烹煮可以让早期的人类进化出耗能的大脑，腾出时间投入文化、社会和技术的发展。烹饪解释了为什么我们的祖先是直立人（如图中的重建模型），为什么会演化出较小的颚部、较短的肠子（因而腹部较小）和较大的头骨（为了容纳较大的脑）。

药物、木乃伊和化妆品

　　"化学"一词的根源可以追溯到古埃及时代。从公元前3100年开始，尼罗河流域发展出来的文明不但有精巧的艺术和建筑，还有复杂的化学。古埃及人会使用各种各样的化学物质，并且懂得提炼和结合不同的化学物质，以达到最佳效果。

金属与神秘主义

　　古埃及人的世界充满缤纷的色彩，因为他们擅长使用色素和染料，从而丰富了绘画、纺织、化妆品和玻璃艺术。古埃及人除了应用史前的色素，例如赫石和其他铁的氧化物，还增加了含有钴、铅和铜的色素。例如，他们从距离红海海岸几英里的盖贝尔·拉萨斯（Gebel Rasas，意思是"铅矿"）开采出方铅矿。他们也开采俗称水银的汞。聪明的古埃及人为已知的金属建立起一套复杂的神秘主义知识系统，把金和太阳、铁和火星、铜和金星、铅和土星联系在一起。虽然这套知识系统并不科学，但其自身有一定的逻辑规则，可以算是化学的开端。

图11　方铅矿是提炼铅的主要矿石，古埃及人在玻璃、化妆品和药品里都会使用它们。

混合颜料

　　硅是地壳中含量第二多的元素，仅次于氧，古埃及人很懂得利用它们。早在公元前16世纪，古埃及人就已经开发出高温熔炉，可以把硅熔化来制造玻璃，后来又懂得在玻璃中添加铅，使它闪闪发光。

　　彩陶技艺是与玻璃生产并驾齐驱的技术，人们使用含有碎石英（晶体形态的硅氧化物）或沙土，制作成陶瓷器。古埃及人在彩陶中

图12　埃及高官的坟墓中会有蓝色的河马彩陶像。彩陶是用二氧化硅加上少量的钙和钠制成的，因鲜艳的色彩（特别是蓝色、绿色和青绿色）而出名。

添加少量的石灰（碳酸钙）和泡碱（碳酸钠、碳酸氢钠和食盐的天然混合物）。泡碱是埃及化学中的一种神秘成分，有助于降低石英的熔点，让玻璃更容易塑形。使用含铜的颜料给彩陶上釉，会产生明亮的蓝绿色，由此便可以生产出人造青金石，代替原本稀有又昂贵的天然青金石。

　　古埃及人也用泡碱和硅创造出一种全新的色彩——埃及蓝。把沙、泡碱和铜屑的混合物加热到大约850℃，就能制造出这种人造颜料。古埃及人从地中海东部的黎凡特（Levant）得到一种用蜗牛制作的紫色染料——皇家紫。已知的早至公元前2650年就已经在古埃及使用的其他颜料还有木炭、碳酸铜和石灰石。

"化学"一词的起源

　　英文chemistry（化学）一词来自alchemy（炼金术，见第38—39页），是阿拉伯文al-kimya的英文发音，但字根kimya的起源却有不同的说法。古罗马自然哲学家老普林尼（Pliny the Elder）认为是源自古埃及文kemi，意为"黑色"，这也是埃及最早的名称，源自尼罗河肥沃的黑色淤泥。此外，也有人认为是源自希腊文的khemeia，意为"倒在一起"，指的是熔化金属的技艺。

治疗与防腐
• • • • • • • • • •

　　可能早在人类出现之前，化学物质就已经被当作药物使用，有证据显示，类人猿会拿药用植物治疗自己。古埃及人使药物化学更上一层楼，许多当时使用的化学物质，直到19世纪都还保留在药典中，是官方正式收录的药物和制剂。《埃伯斯纸草文稿》（*Ebers Papyrus*）是最古老的两本医学文献之一，上面记载了古埃及人熟悉含有铅和锑（用于治疗发热和皮肤病的银白色金属）的药物，以及多种植物萃取物，比如鸦片和乌头。

　　当药物试剂无效时，埃及人也是丧葬化学的专家。埃及的木乃伊配方是利用泡碱吸收水分，让尸体脱水，并且起到抗生素的效果。碳酸钠呈碱性（见第60—61页），可提高尸体的pH（酸碱度），有助

图13　《埃伯斯纸草文稿》大约撰写于公元前1543年，以年代更久远的资料为基础，包含以象形文字写成的700多种处方，例如含有铅和锑的眼药膏。

于延缓细菌生长。然后再用沥青和焦油把干燥的尸体密封，进一步防腐。在适当的条件下，木乃伊可以完整保存至少3000年。

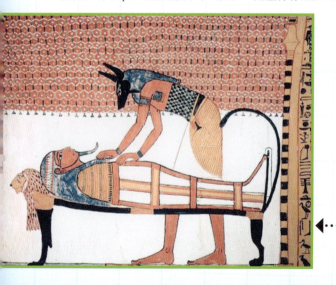

图14　相传古埃及的死神阿努比斯会监督尸体的防腐和木乃伊制作过程。整个过程大约耗时70天。

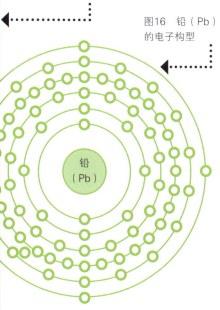

图15　有3300年历史、用灰泥包覆的奈费尔提蒂石灰岩半身像。据说这位埃及王后使用含铅的化妆品来提升她著名的美貌。

图16　铅（Pb）的电子构型

有毒的化妆品

奈费尔提蒂（Nefertiti，前1370—前1330年）王后和其他古埃及王室成员会使用含铅的化妆品，尤其是黑色眼妆（kohl）。不过铅的毒性强，现在已禁止用在化妆品中。

那么，古埃及的化妆品里面到底含有多少铅呢？化学家将古墓中发现的化妆品进行实验分析，重现古老配方后得知，古埃及人制造出两种非天然的氯化铅——羟氯铅矿和角铅矿，作为化妆品和眼霜中的细粉末。根据古代手稿的记载，羟氯铅矿和角铅矿还是治疗眼部和皮肤疾病的基本药物。然而，羟氯铅矿的铅含量几乎达到80%，角铅矿则达到76%！

物质和能量

　　让我们暂时离开古代世界，来看几个基本的概念和术语，以便了解接下来的故事。一方面，化学对物质的研究包含物质的组成和变化，因此化学的关键概念也包含对物质的描述；另一方面，化学变化和能量有关，因此化学的关键概念也包含对能量的认识。

物质三相

　　宇宙中任何有质量且占据空间的东西都能被看到和摸到。物质能以三种状态存在，物质存在的状态也称作相：固相、液相和气相。

　　固体：固体有固定的形状和体积，因为构成固体的粒子，无论是原子还是分子，都是通过强烈的化学键（共价键或离子键，见第64—65页）紧密结合在一起，形成非常坚固的结构。如果结构中具有重复

的单元，就叫晶格。具有晶格的固体包含冰块、食盐、砂糖和石英等。固体中的粒子并非完全静止不动，而是在一定的范围内振动，但对其他粒子来说依然相对固定。

　　液体：固体加热到熔点时会变成液体。液相的物质没有固定的形状，但有固定体积或质量。在液体中，粒子间的键（即吸引力），比气体中强，但比固体中弱得多，所以粒子能够四处移动。

　　气体：液体加热到沸点时会变

固体（s）　　　　　　　熔化 ⇌ 凝固　　　　液体（l）　　　　　　　蒸发或沸腾 ⇌ 冷凝　　　　气体（g）

成气体。气相的物质没有固定的形态或体积。在气体中，粒子间的吸引力非常弱，粒子可以自由移动，因此气体会膨胀，直到充满整个空间。

"熔化"和"沸腾"，分别代表物质从固体变为液体，以及从液体变为气体的相变。反向的相变，从液体变为固体是"凝固"，从气体变为液体则是"冷凝"。有些物质会直接从固相变成气相，叫作"升华"，从气相变成固相则叫作"凝华"。固态（冷冻）的二氧化碳叫干冰，是一种物质升华的范例。不过干冰散发的白色雾状蒸气并不是无色无味的二氧化碳气体，而是升华的二氧化碳冷却了周遭的空气之后冷凝出来的水蒸气。

图17　冰块（固态的水）中的粒子以重复的晶格构型结合在一起。

相变是粒子所拥有的能量造成的。高能量会让粒子打破固相的化学键，变成液相或气相。随着物质冷却，粒子失去能量，又会重新建立起粒子间的吸引力。

图18　冷冻的二氧化碳俗称干冰，散发出的烟雾状蒸气经常被误认为是二氧化碳气体，但实际上是从空气里冷凝出来的水蒸气。

物性

● ● ● ●

　　物质可以是纯净物，也可以是混合物。在混合物中，不同的物质以物理的方式结合，例如把粉笔灰和盐混在一起，或是把盐溶解在水中。纯净物由单一的元素或化合物均匀组成（见第9页）。纯净物具有化学性质和物理性质，而以下就是化学家研究的内容：

　　化学性质包含物质的反应性、它会与什么物质发生反应以及影响物质转化为其他物质的因素。

　　物质的物理性质包含质量、大小、体积、密度、颜色、电导率等，这些都可用标准的度量单位来描述，例如克、米和升等。较小的单位则有前缀厘（10^{-2}）和毫（10^{-3}），例如1毫克就是0.001克。体积的计量单位是立方米（m^3）、立方厘米（cm^3）、立方毫米（mm^3），或是升（L）、毫升（mL）等。密度的单位是质量除以体积，通常以g/mL表示。

图19　硫酸铜遇到火时会发生有趣的反应。火焰产生的热量足以激发电子，使它们释放能量，就像绿色的光子一样。

基本能量

能量和物质是宇宙的两种基本成分。能量可有不同的形式，而化学中最重要的形式是动能和势能：

动能是粒子运动的能量，决定粒子运动的速度和力，掌控物质的特性，例如相和反应性等。

势能是储存在物质中的能量，可以转变成其他形式的能量。在化学中，最有趣的是以化学能形式储存的能量。破坏化学键需要消耗能量，但也会释放能量。能量是无法创造或消灭的，只能从一种形式转化为另一种形式。

图20 势能可以转换成动能。例如在甲烷分子中，原子间的化学键里储存着势能。点燃甲烷时，原子的化学键断裂，以热和光的形式释放动能。

古希腊的自然哲学

大约在公元前5世纪，古希腊人对自然界有了新的思考方式。虽然更古老的文明（例如古埃及和古巴比伦）都有广泛的从医学到冶金的化学实践经验，但却从未尝试去研究并解释自然现象。当有关物质构成的最早理论开始萌发时，这点才开始改变。

元素的发展

古人虽会使用各种形态的金、银、锡、铅、铜、铁、汞、锑、钠、钙、碳、硫和砷，却没有将它们视为元素。在古希腊人之前，还没有人尝试分析并解释物质不同形态之间的差异。

泰勒斯（Thales，约公元前625—前547年）是一位古希腊自然学家，他最先开始利用自然界的证据来提出并回答有关物质本性等基础问题。泰勒斯是一位传奇人物，来自位于今日土耳其境内的一个希腊城邦。泰勒斯是第一位从自然界探寻现象解释的学者，而不是把所有现象都归因于神。他还定义了一些通则，认为水是第一要素，是构成所有物质的基本元素。

泰勒斯之后，他的学生阿那克西米尼（Anaximenes）在公元前546—前526年间将他的学说发扬光大，并达到鼎盛。阿

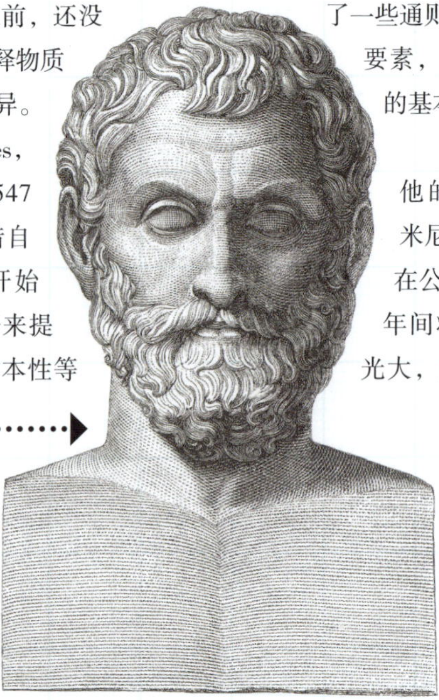

图21　米利都的泰勒斯是希腊七贤之一，许多人视他为史上第一位"自然哲学家"。

那克西米尼认为真正的基础元素是气，气会通过凝聚和稀释（气分子密度的增加和减少），变成土、火、水和其他各种形式的物质。赫拉克利特（Heraclitus，约公元前500—前475年）反对这一理论，他认为自然界处于不断变化的状态，因此基本元素必须是可流动的，于是把火定义为第一要素。

最终，恩培多克勒（Empedocles，约公元前492—前432年）提出，物质有四种基本形式：土、气、火和水。由于亚里士多德（Aristotle）采用了这套见解（见第30—31页），因此，"四元素说"有超过2000年的时间都是人们公认的标准。"四元素说"认为，土、水、气、火这四种元素对应了宇宙的现代模型，包含物质的三相（土＝固体、水＝液体、气＝气体），再加上能量（＝火）。

由于亚里士多德采用了物质"四元素"学说，在之后2000多年时间里这个学说都是物质形式公认的标准解释。

蒸汽动力

在气体化学希罗的研究领域中，希腊的自然哲学家和发明家亚历山大城的希罗（Hero，公元62—152年）远远超越了他的时代（见第56—57页）。希罗最知名的发明是汽转球（图22），这是他利用水和蒸汽之间的相变制造出来的一种装置。大汽锅里沸腾的水把蒸汽输送到有两个排气孔的球体中，当压力增加、把蒸汽逼出时，球体就会旋转。这是最早的蒸汽引擎，这种技术以气体化学为基础，在多年后带动了工业革命，从此改变世界。为什么希罗的发明没有在当时引发革命呢？猜测应该是当时广泛使用奴隶，所以并不需要节省劳力的设备。

排放蒸汽让球体旋转

转轴

定向喷嘴

蒸汽经由管道上升

水在加热的水锅中变成蒸汽

图22 汽转球

原子学说的诞生

现代化学的基础是原子理论，它解释了物质是由什么构成的以及它们是如何、为什么会结合在一起形成分子的。现代形式的原子理论可追溯到 19 世纪，但其灵感却来自古老且被遗忘的传统——古希腊的原子论者。

看不见的粒子

爱利亚学派（Eleatics）的希腊哲学家认为，逻辑上不可能有"虚无"，所以粒子和粒子之间不可能有空隙，因此也就不会有单独且不可分割的粒子存在。这种复杂的论点归纳出明显不合理的结论，例如他们认为"改变"是不可能发生的。希腊哲学家留基伯（Leucippus，活跃于公元前 5 世纪）和他的学生德谟克利特（Democritus，约公元前460—前370年）则反对这种观点，他们认为什么都没有的空间（也就是现在所谓的真空）是可以存在的，因此，粒子也可能存在。

这些无法改变且不能分割的粒子叫做原子（atom，源自希腊文的 atomos，意思是"不可分割"）。

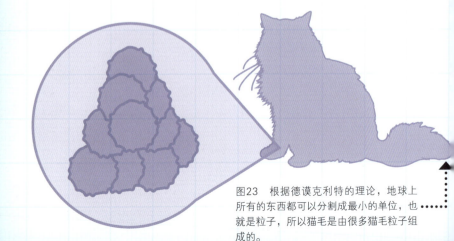

图23　根据德谟克利特的理论，地球上所有的东西都可以分割成最小的单位，也就是粒子，所以猫毛是由很多猫毛粒子组成的。

换句话说，如果把一块物质不断分割成更小的碎片，最后会变成无法再分割的最小单位——粒子。根据这种"原子理论"，原子是固态的，而且是微小到看不见，但它们有不同的形状和大小，而且可以改变位置。根据德谟克利特的说法，原子通过不同的排列组合产生不同的物质，甚至产生不同的世界。

被抛弃的理论

留基伯、德谟克利特和他们后来的支持者被称为原子论者，这些人似乎拥有惊人的先见之明，因为他们预料了关于原子、元素和宇宙学的现代思想。但他们的学说只是靠推测得来的，而不是以真正的科学方法（见第66—67页）为基础，因此，包含了一些神秘或形而上的思想，例如他们认为人类的灵魂也是由微小的圆形原子所组成。

尽管原子论在古希腊也有支持者，但却受到后来最有影响力的哲学家反对，例如柏拉图和亚里士多德，直到17和18世纪的科学革命原子论才再次受到重视。德谟克利特对物质特性的洞见是否能够促进科学化学的形成和发展，我们已无从判定。但取代原子论的其他理论，尤其是亚里士多德的思想，被认为是让化学停滞长达2000年的原因。

依原则而生，为原则而死

虽然德谟克利特的理论没有获得支持，但他很幸运活到高龄。这或许要归功于他个人的哲学：人生的目标就是要欢乐。所以后人称他为"笑的哲学家"。本章中提到的其他古希腊哲学家就没那么幸运了。据说泰勒斯因为研究星辰太专注而摔下了山，而赫拉克利特的结局可能是最离奇的……他基于自己的哲学原则而断食，结果全身水肿。而为了排出这些"不好的体液"，他把自己埋在粪堆里，从而再也没有出来过。

图24　原子论的倡议者德谟克利特，后人称他为"笑的哲学家"。

认识原子
· · · · · · · · · · ·

在化学研究物质的尺度上，原子是最基本的组成部分。原子结构决定了物质的性质和化学反应的进行，而原子结构是由亚原子粒子所组成。现在我们已经知道，德谟克利特和古代原子论者的观点是错的，原子不仅可以再分，实际上还有复杂的内部运动方式。

原子与元素
· · · · · · · · ·

原子是元素的最小粒子。同一元素所有的原子都相同（同位素除外，见第132—133页），但和其他元素的原子不同[①]。每一种元素都有自己独特的原子结构，决定了元素的种类并影响了它的性质。

亚原子粒子
· · · · · · · · ·

原子中有三种亚原子粒子：质子、中子和电子。质子和中子远重于电子，合起来超过原子质量的99.99%。质子数决定了原子序数，而质子和中子的总和决定了质量数（关于原子序数和质量的内容，详见第98—99页）。

这些亚原子粒子可能带有电荷：质子带正电（+1）、电子带负电（−1）、中子不带电（0）。

原子保持电中性，因为质子和电子的数量相等。如果原子失去或获得电子，变成带正电荷或带负电荷，就会成为离子。

轨道模型
· · · · · · · ·

原子内部结构最简单的模型

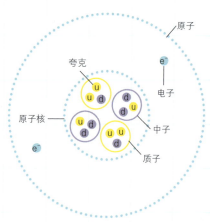

图25　丹麦科学家尼尔斯·玻尔（Niels Bohr出的轨道原子模型：电子绕着由质子和中子组子核运动，而质子和中子本身又是由夸克组成

[①] 原子是构成化学元素的基本单元和化学变化中的最小微粒，也可理解为组成分子和凝聚态物质的基本单位。——译注

是轨道模型，就像一个小型的太阳系。中心是原子核，里面有质子和中子。电子围绕着原子核，以不同的距离排列成轨道或壳层。这些壳层代表不同的能级，最靠近原子核的壳层的能量最低。电子可以在壳层之间移动，但每层壳层的空间是有限的。这种排列决定了原子的化合价（结合能力），原子的化合价又决定了原子的化学性质（见第64—65页）。

真实的状况则比较复杂。科学家所看见的更接近的是量子力学模型，在量子力学模型中，无法同时知道电子的位置和动量。因此电子占据的是被称为轨道或电子云的空间场[①]。

两两成对

在大半部化学史上，元素都无法分解成单个的原子。而且在最简单的状态下，有些元素的不同原子之间还会相互结合。例如，在装满

亚原子·动物园

亚原子粒子种类非常多，统称为"粒子动物园"，但除了质子、中子和电子以外，其他粒子并不会影响物质的化学性质。粒子动物园里有许多奇怪的物种，像是反粒子——粒子的镜像，例如电子的反粒子是正电子。到目前为止，已经发现超过200种亚原子粒子，分为夸克、轻子（包含电子）和玻色子。

了纯净氧气的瓶子中，永远也不会存在单一的氧原子（O）。氧气分子（O_2）以成对原子结合在一起的形式出现，称为"双原子"分子。有类似行为的还有其他六种元素：氢、氮、氟、氯、溴和碘。这种现象让18和19世纪的化学家在计算原子序数和质量时感到非常头痛。

图26　氧气以成对原子的形式存在，结合在一起形成"双原子"分子。

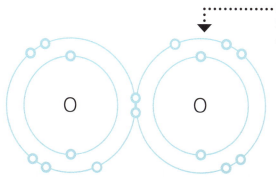

① 这里的"轨道"只是沿用经典力学中的名词，但它不含有经典力学中的运动轨迹的意思。原子轨道不是原子运动的轨迹，而是描写原子中电子运动状态的单电子波函数，每一个原子轨道都有确定的能量与之对应，电子云则是对原子或分子中电子在核外空间出现概率密度的形象表示。——译注

亚里士多德

从古至今，亚里士多德在科学史上的地位始终屹立不倒，他所提出的物理世界模型和元素理论，直到16世纪仍被奉为圭臬。亚里士多德是柏拉图（Plato）的学生，也是亚历山大大帝的老师，可以说是一位传奇人物，但他在化学领域的观点却如同一把双刃剑。

学生与大师

亚里士多德（Aristotle，公元前384—前322年）出生于希腊北部的斯塔吉拉（与马其顿相邻）。17岁那年，他前往雅典的学院跟随哲学家柏拉图学习，并且表现优异。亚里士多德一直在学院中待到柏拉图去世，受邀来到小亚细亚（现位于土耳其）。其间他致力于海洋生物学的研究，留下的成果直到近代才有人匹敌。公元前342年，亚里士多德接受马其顿国王腓力二世（Philip Ⅱ）邀约，负责教导年轻的亚历山大王子。

公元前335年亚历山大登基时，亚里士多德回到雅典，创立自己的学园（Lyceum）。不过雅典这座城市充满了反马其顿的气氛。公元前323年亚历山大去世时，亚里士多德被迫逃至哈尔基斯，并于次年去世。

逻辑的假设

柏拉图倾向于单纯的思考，不喜欢物质世界的现实和观察物质世界的做法，而亚里士多德最重要的创新之一就是亲自动手研究。然而，逻辑体系依旧是亚里士多德哲学推论的中心，知识是通过逻辑和理性思维获得的。他确立了三段论的演绎逻辑系统。三段论是从两个前提开始，推导出一个结论。但是如果前提不正确，结论也会错误。这或许可以解释亚里士多德为何会以为宇宙是由五种元素构成的。

亚里士多德接受了恩培多克勒提出的地球四元素（见第25页），并添加了第五元素——以太，用来

亚里士多德最重要的创新之一，就是愿意亲自动手研究某些领域。

经久不衰的影响

亚里士多德的元素学说非常重要，因为在接下来的1900年中，它对自然哲学产生了巨大的影响，尤其是在欧洲地区。基于种种原因，他的逻辑和物理体系符合教会的理念，因此他的声望和权威得以存续。到了中世纪（约公元1100—1453年），亚里士多德已是经院哲学的焦点，这是欧洲知识分子的主流思想体系。在自然哲学的领域，包括化学这方面，他都被视为终极权威。

解释天体的运作。对亚里士多德而言，元素原始的品性，说明了物质世界里的一切。土本来就比气重，所以含有土元素比例较高的物质，本来就会掉落到气物质的下方。含有较多火元素或水元素的物质，则分别具有"热"或"湿"的特质，而这就说明了它们的化学性质。但从科学上来看，亚里士多德误把品性当成了特性，而因为这根本上的错误，他的结论自然也就不正确。

他在其他领域也犯了类似的错误，未能通过观察来验证自己的逻辑。他仅靠推理就得出结论，认为大脑的功能是冷却血液，人体一侧只有八根肋骨等。如今看来，亚里士多德会犯下诸如女性的牙齿比男性少这种简单错误，简直不可思议。

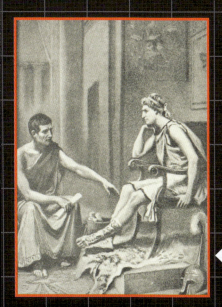

图27 亚里士多德曾教导亚历山大大帝七年之久。

化学战：希腊火

古代化学技术的一个显著例子，就是让拜占庭帝国屹立600年的秘密武器——神秘的"希腊火"。这种特殊化学武器的配方是历史上保护得最严密的机密之一，而且不是没理由的，因为它具有改变历史进程的力量。

胜利的气味

希腊火是一种像凝固汽油的易燃物质，拜占庭帝国（罗马帝国东部的希腊语区）把它当成防御武器使用。它最早是在公元678年用来对抗阿拉伯人。当时阿拉伯人已经征服了波斯人，威胁要进攻君士坦丁堡。虽然君士坦丁堡能够抵抗陆军，但阿拉伯船队若取得海洋控制权，则这座城市仍可能被迫投降。

但阿拉伯人已经种下了自己失败的种子。他们征服信奉基督教的叙利亚时，难民涌向君士坦丁堡的安全地带。其中有一位名叫卡利尼科斯（Kallinikos）的叙利亚裔希腊人，他带来了一种秘密武器的配方，后来被称为"希腊火"——有时也叫"液态火"或"海洋之火"。阿拉伯人的武器中本来就有以石油产品——例如沥青或石脑油（一种易燃的油）——为原料的燃烧武器。事实上，罗马人和波斯人应该本就认识某些形式的燃烧武

图28　这是现存的少数几幅描绘希腊火的古代图像之一，出自一份有插画的手稿中。

器。但新型"希腊火"的独特之处在于改良的成分，还有最关键的，是它向敌人喷洒可燃液体的装置。

死亡液体

即使在今天，人们也只能推测希腊火的成分，但通常认为含有硫黄、生石灰（氧化钙）、液态石油，甚至可能还有镁（现代燃烧武器的成分之一）。镁是很容易发生反应的金属，甚至在水下也能燃烧，这是希腊火的特征之一，也是这种武器如此可怕的原因之一。为了喷射这种死亡液体，拜占庭人发明了一种巧妙的虹吸装置。

希腊火的效果极具毁灭性。它帮助拜占庭帝国在公元678年击溃阿拉伯海军，杀死成千上万敌人，并且突破了封锁，逼得阿拉伯人只能求和。阿拉伯人在公元717年再次进犯时，希腊火又发挥了关键作用，拜占庭再次重创了阿拉伯人。

接下来的300年里，希腊火都是拜占庭帝国至关重要的防御武器，但到了公元1204年，秘方不知怎么就失传了。虽然燃烧武器仍在使用，但却已经没有像希腊火那么强大的杀伤力。这个帝国又继续奋战了几个世纪，直到奥斯曼土耳其人在1453年依靠火药攻破了君士坦丁堡的城墙。

希腊火的技术是受到严格保护的机密，只有皇室和相关人员才知道，且至今仍然是一个谜。

神圣的秘密

为防止虹吸装置落入敌人手中，希腊火是一种能少用就少用的武器。君士坦丁七世在写给儿子的信中强调，这个秘方连盟友也不能透露，他解释说："配方是一位天使透露给第一位伟大的基督教皇帝君士坦丁的……（天使）谕令应以文字写在教堂的圣坛上，诅咒那些胆敢把希腊火交给其他国家的人……"

如果没有神秘的希腊火，欧洲的版图和世界历史的发展方向可能会很不一样。

2

炼金术
与化学科学的诞生

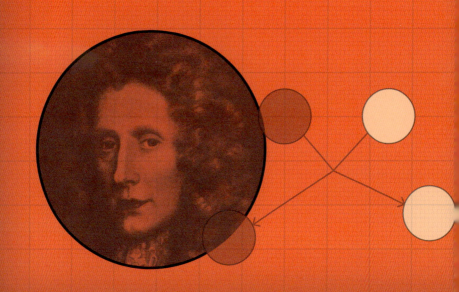

古代遗留下来的化学知识，除了五彩缤纷的物质，也杂糅了历代学者都无法抗拒的神秘主义。就像飞蛾扑火一样，在古典时代晚期、中世纪的伊斯兰教兴起和欧洲文艺复兴（14—17世纪）等不同时期，化学都吸引了许多伟大的科学家。为了揭开宇宙的秘密，他们以新的途径研究自然，并开创了一门研究物质及其变化的新科学。

炼金术的起源

公元前331年，亚历山大大帝在埃及建立了亚历山大城。这座城市代表他的新世界，不同的种族、文化和传统在此兼容并蓄，欣欣向荣。在亚历山大城中，化学开始以炼金术的形式出现——与其说是科学还不如说是艺术，但许多实践和观念都已具备雏形。就像这座城市本身一样，这种新的艺术是个复杂的混合体。

神秘的智慧

在托勒密王朝（公元前305—前30年）的亚历山大城，希腊文化和古埃及传统相互结合。几千年来，埃及人所拥有的魔法、神秘主义和化学艺术，例如防腐、玻璃制造和冶金学，随着希腊的形而上学和亚里士多德的宇宙论一同进入了这个大熔炉。

于是出现了奇怪的新化合物。炼金术采用了土、气、火、水和以太等经典元素，并尝试应用亚里士多德的物质理论。正如亚里士多德所说，若元素的比例决定了物质的本性，那么改变这些元素的比例，就会改变物质的本性。假设黄金的配方包含土、气、火和水，那么调整贱金属的配方，例如把铅的配方，变成和黄金相同的配方，应该

赫耳墨斯·特里斯墨吉斯忒斯

据说炼金术之父是"三重伟大的赫耳墨斯"（Hermes Trismegistus），他是个半神话的人物，是古埃及托特神（Thoth）和古希腊赫耳墨斯神（Hermes）的混合体。他撰写了《赫耳墨斯文集》（Hermetic Corpus），后来所有的炼金术研究，都是在尝试破解并恢复这份原创的智慧。

图29　赫耳墨斯·特里斯墨吉斯忒斯

就能把铅转变成黄金。为了实现这种转变，炼金术士使用埃及、希腊和罗马技术中熟知的物质：金属、金属氧化物（包含赭石）和矿石，进行溶解、蒸馏和过滤等操作。

控制这些操作过程的是一些神秘的法则，尤其是"天上如是，地上如此"。这句话代表一种信念，也就是微观世界——人和地球物质的"小"世界——能够反映宏观世界（或宇宙），包括恒星和天体。这项定律使人相信，微观世界或地球上的所有事物，都反映着宏观世界或天体领域里的一切。例如，七种已知的金属元素都和天体有关：金联结太阳，银联结月亮，铜联结金星，依此类推。同样的道理，植物、宝石、星座、其他所有自然和人类现象，都可以联结成一个联系网络，这些可以用来影响炼金术士使用的物质。

中国的炼丹术

中国传统的炼丹术和西方的炼金术同样古老。中国的炼丹术士特别专注延年益寿的丹药，据说有些炼丹术士发现了长生不老药。除了致力于有助人体健康的"内服炼丹术"，中国也进行"外用炼丹术"，目的和西方差不多，都是为了制造黄金。火药可能是研究炼丹术的副产品，根据公元850年左右一本道教炼丹书的记载，这是一项爆炸性的发现："有人把硝石、硫黄、雄黄和蜂蜜一起加热；冒出烟雾和火焰，烧伤了他们的手和脸，甚至把整个房子都烧毁了。"

不科学的炼金术

炼金术士深信这种神秘的智慧非常强大，不能让外人知道，所以用符号和寓言故事来记录相关的知识。这种秘密只是炼金术不科学的一个方面。炼金术在本质上是非常主观的，常常又是神秘的——能不能取得良好的结果取决于许多变因，例如实验者的灵魂有多纯净，而物质则受到月相或恒星位置的影响。

金　铁　铅　汞

银　硫　锡

图30　炼金术士用一套符号记录他们的发现。直到18世纪，它们都被用来标记某些元素和化合物。

化学反应：基本原理

炼金术士在探索物质嬗变的过程中，犯了一个分类上的错误。他们误以为自己在实现今天所说的核嬗变，也就是把一种元素转化成另一种元素。实际上，他们只是在进行化学反应，也就是生成、破坏或改变化合物，而化合物是元素以不同的方式键合组成的。

会发生什么呢？

在化学反应中，一种物质或多种物质的混合物会变成不同的物质。开始反应的物质叫反应物，反应结束后残留的物质叫产物。我们用化学方程式来呈现反应物和产物，箭头则代表反应的方向，如下所示：

反应物A + 反应物B → 产物AB

生锈就是化学反应的例子。铁和氧结合，形成氧化铁（生锈），反应可以这样写：

铁 + 氧气 → 氧化铁

再举一个例子：

$$甲烷(g) + 氧气(g) \xrightarrow{点燃} 二氧化碳(g) + 水(g)$$

物质的状态以括号内的国际通用缩写标注（g=气态，l=液态，s=固态）。本反应中，所有反应物与产物均为气态（g）。

以下是炼金术士尝试的反应——银的还原反应：

$$碳酸银(s) \xrightarrow{加热} 银(l) + 二氧化碳(g) + 氧气(g)$$

以下是公元9世纪中国炼丹术士意外制造出火药，这个反应有着巨大的爆炸力（见第37页）：

$$硫(s) + 碳(s) + 硝酸钾(s) \xrightarrow{点燃} 二氧化碳(g) + 硫化钾(s) + 氮气(g)$$

科学上不是用这种方式写出物质名称，而是采用以希腊文和科学标记法为基础的通用语言（见第94—95页），以提高精确度并节省时间。

产生热量的反应称为放热反应，而吸收热量的反应则称为吸热反应。在这里的例子中，甲烷和火药的燃烧都会放热，而还原银则会吸热。有些反应是自发的，例如金属在空气或水中生锈。但许多反应（包括放热反应）都需要在开始的时候提供能量，也就是"活化能"。一旦提供了活化能，放热反应就会产生足够的能量，维持反应继续进行。

平衡
••••

化学有一个重要的原则：物质无法被创造或破坏，也就是所谓的"物质守恒定律"。这表示在反应方程式的两侧，原子数量必须相同。书写方程式时，必须确保两侧平衡，这是化学标记法非常实用的地方（见第110—111页）。

反应类型

化合反应：两种或两种以上反应物结合，产生单一产物。

分解反应：单一反应物分解，产生两种或两种以上产物（与化合反应刚好相反）。

置换反应：活性较高的元素，取代化合物中活性较低的元素。尤其金属具有反应的先后顺序：碱金属（例如钠和镁）反应最活泼，接着是铝和锌，最后是反应最不活泼的铜、银和金。如果把锌加到溶于水的银盐溶液中，锌会取代银，析出金属银。如果接着把铝加到溶液中，锌就会被置换出来并析出。

燃烧反应：化合物和氧结合的反应。燃烧是"氧化还原"反应的常见范例。在氧化还原反应中，反应物之间会交换电子（见第90—91页）。生锈（最左图所示）则是另一个氧化还原反应的例子。

中世纪阿拉伯的化学

中世纪的阿拉伯科学文化，在世界科学文化史上占有极其重要的地位。这一时期的化学（炼金术）既是古代东、西方科学文化的交流、汇合和发展，又是古代科学向近代科学发展的交接人和传播者，起到承前启后、继往开来的历史作用。炼金士们在炼金领域创造新的原理、完善的技术和工艺，保存和积累大量的文献，为接下来欧洲文艺复兴时期带来深远的影响。

学术研究中心

长期以来，阿拉伯科学文化一直是东、西方思想与文化交汇融合的学术中心。这主要归功于丝绸之路——连接中国与中亚、西亚、南亚、东亚、欧洲和北非的一条古老的贸易路线。在古典时代晚期，来自拜占庭帝国的基督教学者为这里带来了大量的古代典籍，建立起神学院和医学院。

公元7世纪，这里的统治者给这块区域带来了巨大的变化。公元8—11世纪，阿拉伯科学文化出现了翻译的高潮。世界各地的学者聚集到首都巴格达，翻译了印度、希腊和中国的重要著作。首都巴格达有著名的"智慧馆"——一个图书馆、科学院和翻译局的联合机构，鼓励人们进行数学、天文学、医学、化学、动物学、地理学、炼金术和占星术等学术研究。学术研究的蓬勃发展，也得益于人们文化水平的提高和纸张的普及使用。

图31　公元13世纪的插图，描绘学者在阿拔斯图书馆学习的情形。

从既有的思想出发

• • • • • • • • • • • • • • •

欧洲的罗马帝国瓦解后，大多数的古代典籍都遗失了。但伊斯兰世界让古典学术存续下去，并且进一步发展。伊斯兰的炼金术士参考古典文献，例如亚里士多德和他的元素学说，医生盖伦（Galen）和他的"四种体液"理论（认为健康取决于四种体液的平衡），还有中国和印度炼金术士的著作等。

第一位名人是"炼金术之父"查比尔·伊本·赫扬（Jabir ibn Hayyan，约公元721—815年，见第42—43页）。他的后继者是阿尔-拉齐（Al-Razi，约公元865—925年），他的著作具有革命性，因为他的研究开始接近科学哲学。拉齐更希望研究单独的物质，他相信实验观察的现象，而不只相信理论。他的论炼金术的著作《秘密的秘密》（*Secret of Secrets*）成为欧洲炼金术士的圣经（见右栏）。

继拉齐之后，阿布·阿里·伊本·西那（Abu Ali ibn Sina，公元980—1037年）专攻医学。他进一步发展盖伦的"四种体液"理论，并对欧洲文艺复兴初期的第一批学者造成了重要的影响。

秘密的秘密

《秘密的秘密》（或《炼金术的秘密》）几乎像是一本操作手册，其中有一节描述阿拉伯炼金术士所掌握的各种奇特玻璃器皿，且这些玻璃器皿一直到19世纪都是化学实验室的标准配备。在书中的最后一部分，拉齐试图对物质进行分类，此举或许可以被视为元素周期表的开端。查比尔认为所有的金属都是由硫和汞构成的，而拉齐则加入了第三种成分：盐。这些理论深深影响了帕拉塞尔苏斯（Paracelsus，见第52—53页）。

图32　《秘密的秘密》中的一页，附有一张判定人是否会死亡的图表。

查比尔·伊本·赫扬

查比尔·伊本·赫扬（Jabir ibn Hayyan）是伊斯兰炼金术中的处于第一位伟大人物，但他的成就并不局限于这个领域。他大胆修改了化学的经典模型，深深影响了后来的炼金术士。但更重要的是，他改进了操作和实验方法，还发现了新物质，掌握了新技术，发展了化学知识。

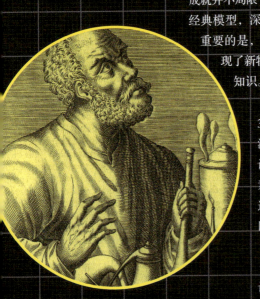

36页）和亚里士多德的元素学说中汲取灵感，然后加入新的观点。他认为亚里士多德的元素由四种"要素"所构成：热、冷、干、湿。把这些要素两两组合，就构成了地球四元素，例如热＋干＝火。

他特别专注研究金属的性质，认为金属都是由硫和汞元素构成的。这两种元素的比例决定了金属的性质，而只要达到完美的平衡，就会产生黄金。查比尔坚信能够找到把铅转化为黄金的方法：先把铅分解成硫和汞，去除杂质后，再用新的比例重新组合起来。要实现这个目标，他必须使用某种物质，在过程中发挥作用，但自身不会改变，这就是今天所说的催化剂。

元素与金属

查比尔是从实践的角度开始接触炼金术的，因为他曾经当过药剂师，也就是中世纪的配药师。但他是以一种整体的眼光看待学术，认为炼金术只是自然哲学的一部分。

查比尔从炼金术书籍《翠玉录》（*Emerald Tablet*，据说作者是"三重伟大的赫耳墨斯"，见第

实用的解决方案

查比尔最大的贡献是在应用化

卷入政治斗争

查比尔在一个丰富多彩的时代里度过了丰富多彩的一生，因为他生活的年代恰好是《一千零一夜》中的传奇统治者哈伦·拉希德（Harunar-Rashid）哈里发在位期间。查比尔出生于波斯（今伊朗），但有阿拉伯血统，打从一开始就身陷哈里发权力政治的危险世界。他的父亲因密谋推翻伊斯兰世界的第一个王朝倭马亚（Umayyad）而被处决。查比尔本人和哈伦的大臣贾法尔（Jafar）关系密切，因此命运也随着他这位资助者起伏。贾法尔失宠而被处决时，查比尔被迫逃离巴格达，退隐到乡下度过余生，并写下巨著《完美的总和》（*Sum of Perfection*），这是几百本署名查比尔的书籍之一。

图33　哈伦-拉希德召见查理曼派遣的代表团。

学领域。他改善了玻璃制作工艺、金属精炼工艺、染料工艺和墨水制造工艺，例如他用黄铁矿（愚人金，如左图所示）开发出一种墨水，可用来为手稿进行泥金装饰。他还发现了一种新的酸：王水（右图）。现在已知王水是盐酸和硝酸的混合物，可以溶解黄金，但如果单靠一种酸，就无法溶解黄金。

查比尔也拿植物萃取物做实验，介绍了有机物质，但当时的哲学家没有看到有机物和无机物之间的明显区别。查比尔也合成新的化合物，试图发现甚至创造新的物种。也许最难能可贵的是，查比尔有条不紊地记录了他的实验，清楚地描述材料、设备、技术和结果。这不仅是科学方法的前身，也意味着他的成果可供后世的炼金术士参考。

催化剂与动力学

查比尔运用催化剂，在化学领域开启了重要的新篇章。想了解催化剂，首先就要知道动力学：对反应速率的研究。动力学研究的是反应进行的速率以及影响速率的因素，而催化剂就是其中一个因素。另一种因素则是温度，影响反应粒子运动的速率，进一步影响粒子碰撞的概率。

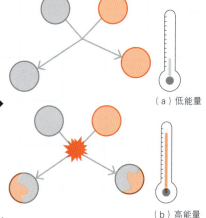

图34　在碰撞理论中，粒子以足够的力量碰撞时，会产生化学反应。在（a）图中，碰撞太弱，所以反应物粒子只是弹开，没有发生变化。在（b）图中，碰撞够强，所以发生反应。

（a）低能量

（b）高能量

碰撞理论

要描述反应如何发生，最简单的模型就是碰撞理论。根据这个模型，作为反应物的原子或分子就像球桌上快速移动的撞球。运动的粒子具有动能。要让反应发生，粒子必须运动得够快（具有足够的动能），才能以足够的力量碰撞、打断原有的化学键，并将能量转化成新的化学键。分子碰撞引发化学反应所需的最小能量叫活化能。除了要有足够的能量，两个反应粒子可能也必须按正确的反应方位碰撞，才会发生反应。

加热

一种物质或混合物的温度，可用来度量组成粒子的平均动能。加热会提高物质的温度，让热能转换为动能，提高粒子的平均动能。换句话说，提高温度会使粒子拥有更多的能量，于是加快运动速度，增加发生碰撞的概率。

提高反应速率的另一种方法是增加反应物的浓度。在大小固定的空间中，反应粒子愈多，碰撞的机会就愈大，而碰撞次数愈多，发生反应的可能性就愈大。

小帮手

●●●●●●

催化剂可以加快化学反应速率，但在反应结束时，本身仍然保持不变。只要有一丁点催化剂，就可以产生巨大的效果。请务必注意，催化剂不会增加最终产物的量，也不会改变反应的平衡。催化剂可以分为两种：

非均相催化剂

催化剂和反应物是不同的相，通常催化剂是固体，而反应物是气体或液体。这种催化剂会捕获其中一种反应物，让粒子的反应位置外露，增加另一种反应粒子按正确反应方位碰撞的可能性，成功促使反应发生。

均相催化剂

催化剂和反应物是相同的相。这种催化剂通常会提供另一种反应途径，降低所需的活化能，且在动力学方面更为迅速。一般而言，催化剂会在新的反应途径中形成过渡态的中间产物，然后再脱离反应物，回到原来的状态。

举例来说，AB是反应物，A和B是产物，C是催化剂，反应途径如下所示：

$$C+AB \rightarrow CAB \rightarrow CA+B$$
$$\rightarrow C+A+B$$

用更简单的方程式来表示：

$$C+AB \rightarrow C+A+B$$

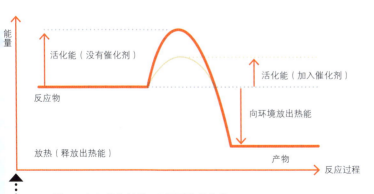

图35　加入催化剂后，只需要较低的能量就能形成中间产物，于是改变了反应途径，降低引发反应所需的活化能。

毒药与投毒者

在查比尔的众多著作中，有一本《毒药之书》（*Kitab al-sumum*），是毒理学方面非常重要的著作。在毒药的使用和治疗方面，查比尔在伊斯兰世界的其他早期化学家协助下将累积下来的大量知识和操作经验传给了中世纪的欧洲，这是化学领域中较为黑暗的一面。

致命的砷

人类和化学物质之间的关系向来是双向的——人类长期以来使用化学物质，但也受到它们的影响。当某种化学物质有可能损害生物体时，就称为毒素（toxin，源自希腊文toxicon，指用于箭头的毒药）。几千年来，来自植物、动物或矿物的化学物质被拿来做成毒药。最早的中毒案例应该是冰人奥茨（Ötzi），他死后5000年，冰冻的尸体在意大利的冰川中被发现。分析他的头发后发现，他患有慢性

砷中毒，大概是冶炼被砷污染的铜矿石所致。

直到公元1250年，炼金术士大阿尔伯图斯（Albertus Magnus，约公元1200—1280年）才把砷定义为一种元素，但此前好几千年，人类就已经知道砷矿石的存在。古代的罗马人、印度人和中国人都知道砷

图36　在约翰·柯里尔（John Collier）这幅公元1893年的画作中，恶名昭彰的投毒者切萨雷·博尔贾（Cesare Borgia）为客人倒葡萄酒。切萨雷似乎是因为误饮了自己的毒酒而死的。

化合物具有毒药或药物的功效。罗马人知道如何制作剧毒的盐——亚砷酸钠。事实上，古罗马还一度很流行用砷谋杀人。

但用毒的黄金时代（有时又称为砷的时代）是意大利的文艺复兴时期，当时炼金术士对砷化合物的专业知识遭到广泛的滥用。15世纪末叶最恶名昭彰的下毒者是博尔贾家族，他们会邀请敌人到家里吃晚餐，然后让他们享用加了砷的菜肴。然而，教皇亚历山大和他的儿子切萨雷·博尔贾据说也自作自受，不小心喝了自己准备的毒酒而死。

贩卖谋杀工具

在接下来的两个世纪里，投毒变得非常流行。在17世纪的罗马，著名的女巫希耶罗妮玛·史帕拉（Hieronyma Spara）为一些年轻的妻子提供含砷的啤酒，用来谋杀她们的丈夫，最后遭到处决。不久，另一个投毒人——那不勒斯的朱莉娅·托法娜（Giulia Tofana）——开始销售托法娜仙液（Aqua Tofana），只需要四滴，就可以永久摆脱讨厌的亲戚。这类毒药在法国叫"遗产药粉"，因为可以让投毒者提早得到遗产。

虽然早期的化学家因为调制

醋的疗法

在美索不达米亚的苏美人和阿卡德人文明中，古老的文献记载了关于毒药的知识，并强调可以用醋来解毒，这种做法持续了好几千年。现在已知醋里面的乙酸能有效地打断将有毒分子结合在一起的化学键，把毒药分解成毒性较小的成分。

与提供毒素而名声不佳，但毒药的研究也带来了科学上重要的发展。医师和炼金术士——包括帕拉塞尔苏斯（Paracelsus，见第52—53页）——将特定化学物质对人体特定的疗效联系起来，厘清重要的毒理学概念，例如化学物质的量和身体对它的反应之间的关联。通过制造、分离和分析毒物，文艺复兴时期的早期科学家奠定了分析化学的基础，这是化学的一个分支，主要是检测和鉴定化学物质。

最早的中毒案例大概是冰人奥茨，他死后5000年，冰冻的尸体在意大利的冰川中被发现。

文艺复兴时期的炼金术

随着伊斯兰学者把古典知识带到欧洲，炼金术就成为想要了解宇宙背后隐秘运行的人最主要的追寻。中世纪晚期和近代早期的欧洲学者都亟欲阅读他们所谓的"自然之书"。对他们而言，炼金术似乎就是解读这一伟大智慧的关键。

魔法与逻辑

炼金术可以从许多不同的层面来理解。它最明显的目标就是要把贱金属变成黄金，炼金术士都希望能用一种叫"贤者之石"的神秘物质来实现这个目标。基本上，"贤者之石"是一种神奇的催化剂，具有许多种力量，而一些如《翠玉录》（Emerald Tablet）之类的炼金书也会用隐晦的语言来描述它的制作方法。

从现代科学的角度来看，这种神奇的物质只是江湖术士的幻想。当然，许多炼金术士都是被贪婪驱使的傻子，或者是诈骗高手，企图从愚昧的顾客那里骗钱。这些人让炼金术声名狼藉，以至于有一段时间，国王和教皇都禁止炼金术。

不过那个时代最伟大的学者也在钻研炼金术。炼金术似乎能提供一套合理的体系，助人发现大自然的奥妙，而那些我们视为魔法的东西，在当时其实被视为一种技术，也就是运用知识来控制大自然。炼金术背后的动机，基本上和创造出科学的动机是相同的：相信通过实验来探究自然，能让人类了解并掌握自然。

图37　炼金术士的实验室。

成果丰硕的探寻

在寻找"贤者之石"的过程里，文艺复兴时期的炼金术士有了许多重要的发现。例如在公元1250年，大阿尔伯图斯分离出砷，而他的学生罗杰·培根（Roger Bacon，约公元1214—1292年）可能发明过一种火药。培根还提出，实验是发现大自然真相的最佳方法，启发了后来的学者，例如罗伯特·波义耳（Robert Boyle，见第62—63页）。

14世纪有一位炼金术士用"贾伯"（Geber）的笔名写作，而"贾伯"正好是"查比尔"的欧洲写法（见第42—43页）。"贾伯"的重大发现包括矾和硝镪水。矾是含水硫酸盐，可说是自从冶铁技术问世以来最重要的化学发现之一，而硝镪水则是浓硝酸与浓硫酸的混合液。这些重要工具后来让人得以从化合物中分离出单个元素。

与此同时，寻找长生不老药（另一种可治百病并让人永生的神秘物质）则促成了医学炼金术的突破，例如帕拉塞尔苏斯（Paracelsus，见第52—53页）的发现。维拉诺瓦的阿诺德（Arnold of Villanova，约公元

图38　科学家和哲学家罗杰·培根被誉为"神奇医生"，他可能发明过一种火药。

1238—1310年）医生认为葡萄吸收了太阳的精华，也就是吸收了黄金的精华，于是通过蒸馏酒来制造"生命之水"——几乎是纯酒精。酒精也是后世化学家的另一种重要工具，它和强酸一样，可以溶解某些不溶于水的物质。

若没有贤者之石，化学就不会是今天的模样。为了发现这种不存在的东西，需要彻底搜索并分析地球上已知的各种物质。

——尤斯图斯·冯·李比希

溶剂与溶液
· · · · · · · · · · · · ·

　　对于炼金术师来说，溶解物质的过程几乎就像魔法一样。只要使用正确的液体，几乎所有物质都可以消失，或是看起来消失了。然后通过蒸发、冷凝或沉淀，又可以恢复原来的物质或生成新的物质。当然，核心过程我们现在已经十分了解，形成了化学的基本概念之一。

什么是溶液
· · · · · · · · ·

　　溶液是均匀的混合物。换句话说，就是整体性质都很一致的混合物。溶液和悬浊液不同，在悬浊液中，有一种物质颗粒漂浮在另一种物质中，可以经由过滤去除。溶液是由溶剂和一种或多种溶质组成，通常溶剂占了大部分。

　　溶剂通常是液体，而溶质可以是任何相：气体、液体或固体，但也有气态和固态的溶液。气体可以均匀混合，空气就是一个很好的例子。在海平面的任何地方，取样分析空气中的气体比例，都会得到相同的结果。大气组成中，大部分是氮气，因此可视为溶剂，而氧气、二氧化碳等则是溶质。固态溶液包括金属合金，例如青铜是锡溶解在铜溶剂中的固态溶液。

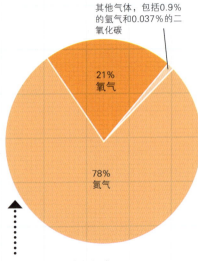

其他气体，包括0.9%的氩气和0.037%的二氧化碳

21%
氧气

78%
氮气

图39　地球的大气组成。

相似相溶
· · · · · · · ·

　　水是最广为人知且最常见的溶剂，但并非所有物质都会溶于水。控制溶解度的原则是"相似相溶"，其中"相似"指的是极性相

似。极性是某些分子所带有的电性，是由原子间的键的类型而形成的。

例如在水分子中，两个氢原子与一个氧原子结合，电子分布不均匀，因此氧原子带有部分负电荷，而氢原子则带有部分正电荷。最终的结果是：分子本身带有一个负极和一个正极，就像一个小型磁铁，叫做偶极。由于水带有极性，能溶解其他带有极性的溶质，例如盐、糖和醇。但非极性的溶质，例如油，就不会溶于水，但会溶于非极性的溶剂中，例如橄榄油可溶于石油。

溶解度与饱和度
●●●●●●●●●●●●●●●

能够溶解在溶剂中的最大溶质质量，叫做"溶解度"，通常以每100毫升的溶剂中溶解多少克的溶质来表示（克/100毫升）[①]。若是固体，溶解度会随着温度升高而增加，例如热茶能比冰茶溶解更多的糖。但若是溶解在液体中的气体，则刚好相反：温度越高，能溶解的气体越少。当已溶解的溶质的量达到最大值时，就称为"饱和"溶液。有时候，溶解的溶质的量也可能超过最大值，在这种情况下，则称为"过饱和"溶液。

溶液的浓度是衡量有多少溶质溶解其中的一种度量方法。浓度的单位包括：

摩尔浓度：每升溶液中，溶质的摩尔数（有关摩尔的解释，请见第102—103页）。

ppm（百万分之一）（或ppb，十亿分之一）[②]：通常用在气体溶液。

百分浓度：可通过质量、体积或两者组合来决定。例如在100克质量浓度为10%的盐溶液中，含有10克的盐。

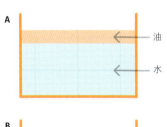

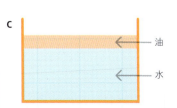

图40　油不溶于水（A）。如果将两者混合在一起（B），然后静置，油会上升到顶部形成一层浮油（C）。

[①] 通常固体或液体的溶解度以100克溶剂中溶解物质的最大克数表示。气体的溶解度用每升溶剂中溶解气体的体积表示。——译注

[②] 亦即ppm浓度，是用溶质质量占全部溶液质量的百万分比来表示的浓度，也称百万分比浓度，经常用于浓度非常小的场合下。——译注

帕拉塞尔苏斯

　　15世纪有一位人称"帕拉塞尔苏斯"（Paracelsus）的医师和炼金术士，是当时较有趣且较具争议性的人物之一。他让化学有了重大的进展，尤其是在药物化学的领域。同样重要的是，他直言不讳的态度帮助自然哲学家从传统的枷锁中解放出来，开启了探索和科学研究新方法的大门。

流浪学者

　　菲利普斯·奥里欧勒斯·德奥弗拉斯特·博姆巴斯茨·冯·霍恩海姆（Philippus Aureolus Theophrastus Bombastus von Hohenheim）在1493年出生于瑞士，是一位医生的儿子。他在一家专门为附近的银矿场培训工程师的学校接受教育，因此在矿物学和冶金学方面有坚实的基础。后来他成为一名旅行学者，在奥地利的维也纳大学等地学医，接着成为军医。传说他在埃及和阿拉伯接受过神秘主义者、炼金术士和医生的训练。

　　后来他回到巴塞尔，替印刷厂的弗罗贝治好了腿部感染（因其他医生都建议截肢）。从而声名大噪，被正式任命为市立医师，不过他担任这份工作的时间并不长。他不但公开烧毁伟大的医生盖伦（Galen）和阿维森纳（Avicenna）的著作，还自称帕拉塞尔苏斯，意思是他已经"超越了塞尔苏斯"这位重要的罗马医学作家。

　　在欧洲旅行工作多年后，他于1541年回到家乡，接受任命为巴伐利亚公爵的医师，并于同年去世。

挑战权威

　　帕拉塞尔苏斯主要是以大胆的医学新方法闻名——尤其是把化学知识引入医学。他知道特定的化

学物质有特定的效果，而效果取决于剂量。他发明了梅毒的汞疗法，并把麻醉用的乙醚和炮制过的鸦片酊描述成一般止痛药和万能药。更广泛来说，后人认为他帮助炼金术走上了化学的道路。他提出了一种新的物质理论，认为所有物质都是由硫、汞和盐所组成，即三元素（tria prima），代表可燃性、流动性和固体性。他甚至为化学物质设计了一个原始的科学命名系统，试图根据物质的化学性质将它们分类。

但他留给后世哲学家的真正遗产，也许是他乐于挑战公认智慧的态度。帕拉塞尔苏斯公然抨击经院思想——也就是以亚里士多德、逻辑和权威为基础的主流教学方法，为后代铺平了道路。

> 炼金术是一门艺术，它通过将有用的物质转化为最终的物质和精华，借此区分有用和没用的东西……这是对四种元素性质的一种解释——也是对整个宇宙性质的解释。
>
> ——帕拉塞尔苏斯

创造人的配方

帕拉塞尔苏斯比较不寻常的主张之一是他称自己成功创造出一种"小人"（homunculus）——也就是人造人。根据他所写的配方，如果把精子"密封在玻璃杯中，埋在马粪里40天，并经过适当的磁化后，它就会开始活动。经过这段时间，它会具有人类一般的形态和样貌，不过是透明的，而且没有身体"。如果用血液的提取物去喂养，它就会变成一个很小的人类孩子，可以正常抚养长大。

图41　歌德的《浮士德》插图中，有个学生在炼金术实验室里试图创造自己的傀儡小人。

度量衡

············

帕拉塞尔苏斯有句名言："所有的物质都是毒药……只有剂量才能决定一种物质是否有毒。"他指出了现代毒理学家所谓的"剂量—反应关系"，他是最早领悟到精确测量事物有多重要的人之一。在即将出现的新化学领域，精确测量事物尽管不是很有趣，却是最重要的研究方法之一。

质不等于量

············

亚里士多德的自然哲学强调的大半是"质性"，也就是探讨种类、分类、品质和本质。虽然炼金术导入了一些"量化"的思维，例如炼金术手稿的配方中偶尔会出现定量的说明，但仍是以质性为主。炼金术士重视物质的特性，而不是物质精确的量。但化学是一门非常重视定量的科学，尤其在寻找新化合物和新元素时。如果没有精确测量反应物，后来的化学家就无法准确了解产物的特性。对于新测量方法的演进，可以追溯到几位重要人物身上。

库萨的尼古拉（Nicholas of Cusa，1401—1464年）是一位神学家与自然哲学家，他认为只有通过数学才能了解事物的真实性质。尼古拉将这种原理应用在实验上。他在不同的时间替同一个羊毛球称重，发现羊毛球的重量会随着它吸收空气中水分的多寡而不同，因此可用来作为测量大气湿度的仪器。尼古拉利用重量来测量容器中水的

一个新的千克？

自1889年起，1千克的正式定义就是一个高尔夫球大小的铂铱合金圆柱体，锁在法国塞弗尔（Sèvres）的一个保险箱里，名叫"国际千克原器"。不幸的是，随着时间流逝，国际千克原器的质量不断减少，精确度也跟着下降。不过计量学家已经着于开发测量千克的新方法：比如准确计算1千克硅的原子数。这种方法可能会取代原来的圆柱。[1]

---

[1]　2018年11月，第26届国际计量大会对"千克"重新定义为：当普朗克常数h以单位J·s即kg·m²·s⁻¹表示时，将其固定数值取为$6.62607015 \times 10^{-34}$来定义千克，其中米和秒用$c$和$\triangle v$（Cs）定义。——译注

体积，因此得以估计出非常精准的π值。最有名的是，尼古拉以前所未有的精准度称出了一盆植物的重量，证明植物的重量在增加，就算只是非常微小的重量。这是第一次有人意识到植物会从空气中吸收某些东西，而空气本身也具有重量。

客观的测量

伽利略（Galileo Galilei, 1564—1642年）也强调过测量这件事，区分可以客观测量的"主要品质"——也就是能通过实验来证明的客观事实，以及主观感知的"次要品质"。这种差别对于新兴的科学方法非常重要（见第66—67页）。哲学家弗朗西斯·培根（Francis Bacon, 1561—1626年）曾警告："上帝禁止我们用自己想象出来的梦境，决定世界的格局。"

精密仪器

有些人认为，现代科学的发源地是位于今日比利时的鲁汶（Louvain）。数学家与天文学家赫马·弗里修斯（Gemma Frisius, 1508—1555年）和他的学生杰拉德·墨卡托（Gerard Mercator, 1512—1594年）就是在这里开始制作科学测量和绘制地图的工具。虽然当时的学术机构依旧瞧不起这些俗气的"技工"，但鲁汶的仪器却让自然哲学家得以头一次实际测量世界的真实面貌，而不是依照古代文献的说法。和书商以及贸易商建立起关系后，鲁汶的工作坊开始进行国际贸易，供应望远镜、显微镜、天平和磅秤——事实上也就是科学革命的仪器。

测量可测量的，并让不可测量的变得可测量。

——伽利略

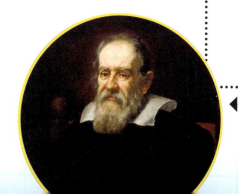

图42　伽利略在实验中是通过工具来区别主要品质和次要品质的。

气体化学

库萨的尼古拉通过对空气的实验，开启了化学的全新篇章——气体力学（pneumatics，源自希腊文的pneuma——"呼吸"之意）。虽然炼金术士已经观察到从坩埚和烧瓶中冒出的蒸气和气体，但他们并不关心气体的世界。这种现象马上就会改变，并对化学这门新学科造成重大的影响。

聚光灯下的气体

直到1727年，英国科学家史蒂芬·黑尔斯（Stephen Hales，1677—1761年）在尼古拉比气体力学的开创性研究基础上提出，"气体应被视为化学原理之一"的观点，未得到当时人们的认可。在化学的世界里，炼金术士和自然哲学家都忽视并误解了气体，认为所有的"气体"都是虚无缥缈且不可知的。

但到了17世纪，这种情况开始改变。首先是扬·巴普蒂斯塔·范·海耳蒙特（Jan Baptista van Helmont，见第58—59页）的成果，接着是一系列戏剧性的实验，证明了真空的存在。其中最早的是埃万杰利斯塔·托里拆利（Evangelista Torricelli，1608—1647年，左下）在1644年进行的气压计实验。

托里拆利在玻璃管中装满水银，然后用手指按住开口，把玻璃管上下颠倒，并把开口的地方放进水银槽中。移开手指时，管内的水银柱下降了一部分就停住了。托里拆利坚信，玻璃管顶部的空间什么也没有——真正的真空。更重要的是，水银槽上方的大气压力让水银柱维持在一定的位置，也就是说，空气是有重量的。

空气的质量

这些实验显示空气具有质量，而真空是真正完全没有任何东西的空间。波义耳（见第62—63页）等自然哲学家认为这是物质原子理论的明证：物质由微小的粒子组成，彼此之间有空隙。这样的思考，最后产生出一种气体行为模型，叫做"气体动力学理论"，用以描述理想气体的特性。

理想气体定律

气体动力学理论描述了理想气体的特性，包括：

——气体由微小的粒子组成。不管是原子还是分子，行为都相同。相对于粒子之间的距离，粒子是如此的微小，不占据任何体积，这意味着气体可以被压缩（液体或固体则不能）。

——气体粒子随机进行直线运动，直到撞上容器壁。这些碰撞形成了气体所施加的压力。这种恒定、随机的运动使气体得以均匀混合。

——气体粒子间没有吸引力或排斥力，可视为完全独立，就像迅速移动的微小钢珠。

——气体粒子的平均动能决定气体的温度。

图43　气体粒子随机进行直线运动，直到撞上容器的固体壁。

气压的力量

接着在1654年，真空获得了更加戏剧化的关注。德国工程师奥托·冯·居里克（Otto von Guericke，1602—1686年）改造抽水泵，制作出第一台空气泵（气泵）。在皇帝斐迪南三世（Ferdinand Ⅲ）面前，他把两个巨大的铜半球合在一起，抽出中间的空气。虽然没用东西捆绑，但连16匹马都无法把两个半球拉开。当居里克打开阀门让空气重新进入时，球体自然就分开了。

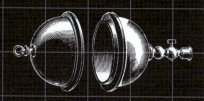

扬·巴普蒂斯塔·范·海耳蒙特

　　这位气体化学之父是个隐居的法兰德斯贵族，拥有神秘的性格和信仰。不过一般认为，他完成了生物化学上的第一个对照实验，并预料了化学百年的结论。他开创性的实验，使他得出了领先他的时代几个世纪的结论。

孤独的研究者
　　扬·巴普蒂斯塔·范·海耳蒙特（Jan Baptista van Helmont）是炼金术士与医师，1579年生于比利时布鲁塞尔的一个贵族家庭。在鲁汶大学念过书并且环游欧洲后，他退隐到自己的乡间庄园，从事神秘主义和科学的研究。他虽然信仰虔诚，却因为涉入"共情粉"的争议而触怒了天主教会。在改称"共情粉"没有魔力后，他仍遭到软禁。必须等到他在1644年去世之后，他儿子才得以在1648年出版他的著作集《医学起源》（*Ortus Medicinae*）。

水的起源
　　范·海耳蒙特最著名的研究，是改进库萨的尼古拉的植物生长实验（见第54—55页）。他给一棵柳树和一些干土称重后，把柳树种在土里。他盖住花盆，并给植物浇蒸馏水。五年后，他重新称了这棵树的重量，结果质量增加了76千克。他把土壤干燥后再次称重，发现土壤的质量几乎没变。范海耳蒙特得到结论，认为这棵树是靠喝水长大的。他结合其他的研究发现，认为这证明了物质主要由水组成（跟泰勒斯在2000年前说的一样）。

空气中的精灵

●●●●●●●●●●●●

范·海耳蒙特忽略了二氧化碳在植物生长中所扮演的角色，但通过另一个仔细称重的创新实验，他成为第一个提出二氧化碳存在的人。燃烧28千克的木炭后，他发现只剩下0.5千克的灰烬。先前他曾证明物质不灭，只能改变形式（等于比其他人早了100多年就预料了"质量守恒定律"）。接着他推测另外27.5千克的物质是以某种蒸气的形式释放，并把它命名为"气体"（gas，希腊文"混乱"之意）。

燃烧木炭所产生的气体被他称为"木头之精"（spiritus sylvester）。在其他燃烧实验中，他分辨出另一种"木头之精"，还有叫做carbonum和pingue的气体。这四种气体现在分别称为二氧化碳、一氧化碳、一氧化二氮和甲烷。

共情粉

"共情"的力量是炼金术的神奇原理之一，相信物体或物质一旦产生联系，就会持续相互影响。这个原则就是帕拉塞尔苏斯独特信念背后的逻辑，后来被范·海耳蒙特接受。他赞成，有一种特殊的药膏，若涂在造成伤口的刀上，就能治疗伤口。这种药膏后来被称作"共情粉"（powder of sympathy），成分包括惨死的人头骨上的苔藓、交配时被杀的野猪和熊的脂肪、烧焦的蠕虫、干燥的野猪脑、紫檀，以及木乃伊粉末。

我为这种迄今不为人知的灵气赋予新的名称，叫做气体，它既不能被容器束缚，也无法成为可见之物。

——扬·巴普蒂斯塔·范·海耳蒙特

图44　范·海耳蒙特实验装置图

酸和碱

酸和碱是最古老的化学分类之一。酸带有刺激的酸味，能"溶解"金属氧化物和金属；碱带有苦味，通常摸起来有滑腻的感觉。第三类物质叫盐类，但到了17世纪，已经愈来愈清楚：盐类是酸与碱"反应"的产物，而与酸反应形成盐类的物质就叫做"碱"。

激烈的化学反应

酸和"对立"的碱，在化学成为科学的过程中扮演重要的角色。一方面，在古典时代之初，人类就知道有苏打（碳酸钠）和钾碱（碳酸钾）这两种形式的碱。它们没有挥发性，因此叫"固定碱"，和挥发性的碱（例如氨）形成对比。接着又增加了"碱土"，是指白垩和石灰岩中的碳酸钙，后来也指镁和其他金属的盐类。

另一方面，醋和柠檬汁等有机酸自古以来就广为人知。除了这些以外，伊斯兰世界和中世纪欧洲的炼金术士又增加了醋精（纯化的乙酸）和无机酸，例如盐精（盐酸），作用更强大。它们与碱的反应非常剧烈，伴随有起泡和发热。但人始终很难解释它们如何作用，为何会呈现酸性或碱性，直到罗伯特·波义耳（见第62—63页）发现利用植物浸取液来分类的方法，也就是早期的石蕊试验。他发现紫罗兰浆在自然状态下呈蓝色，但遇到酸会变成红色，遇到碱则变成绿色。

不断演进的理论

关于酸碱反应机理的说法不断随着时间进化。首先是炼金术思想，也就是"男性"和"女性"的相对原则，接着是把酸性和燃素联系起来的理论（见第72—73页）。原本大家认为氧气会造成酸性，直到汉弗莱·戴维（Humphrey

图45　瑞典化学家斯万特·阿列纽斯首先提出酸和碱的现代定义。

Davy）指出，盐酸（HCl）并不含氧，氢才会造成酸性。然后瑞典化学家斯万特·阿列纽斯（Svante Arrhenius，1859—1927年）把酸定义为可产生氢离子（质子，H^+）的物质，把碱定义为溶解后产生氢氧根离子（OH^-）的物质，如盐酸（a）和氢氧化钠（b）的化学反应式所示：

（a）$HCl(aq) \rightarrow H^+ + Cl^-$

（b）$NaOH(aq) \rightarrow Na^+ + OH^-$

（请注意，"aq"代表"水溶液"，也就是溶剂是水的溶液。）这里酸与碱之间产生的反应叫"中和"反应，因为生成了水和中性的盐：

$HCl(aq) + NaOH(aq) \rightarrow H_2O(l) + NaCl(aq)$

酸的氢离子和碱的氢氧根离子结合在一起时，就会产生水。碱则是质子受体。在阿列纽斯的模型中，H^+是质子给予体，OH^-则是质子接受体。

阿列纽斯的模型可以正确解释水溶液中酸和碱的反应，但是气体间也可能发生酸碱反应，因此，需要更加通用的酸碱理论。"布仑斯惕—劳里（Brφnsted–Lowry）酸

日常生活中的酸和碱

生活周围可能有许许多多的酸和碱，以下是一些典型的例子：

酸：醋（乙酸）、碳酸（存在苏打水和碳酸水中，二氧化碳气泡溶于水而形成）、乙酰水杨酸（又叫阿司匹林）、硫酸（存在汽车电瓶中）。

碱：氨（作为清洁剂）、碱水（氢氧化钠，另一种清洁剂）、小苏打（碳酸氢钠）、治疗胃痛的制酸剂（例如碳酸钙和氢氧化铝）。

酸和碱的定义

类型	酸	碱
阿列纽斯	提供H^+	提供OH^-
布仑斯惕—劳里	质子（H^+）给予体	质子（H^+）接受体

碱质子理论"把酸视为质子给予体，碱则是质子接受体。在阿列纽斯的模型中，H^+是质子给予体，OH^-则是质子接受体。

罗伯特·波义耳

　　几百年来炼金术累积的成果，都朝着突破过去、开创化学的新科学方法前进。这种开创性的转变展现在罗伯特·波义耳的生活和事业中，他是英裔爱尔兰贵族，因为其在实验和气体化学领域的发现而被誉为"科学化学之父"。

"化学家"和哲学家

　　罗伯特·波义耳（Robert Boyle，1627—1691年）是一位富裕伯爵的第14个儿子，受过高等教育，年轻时曾游历欧洲。他早年专注神学研究，后来遇到一群炼金术士和自然哲学家。他和美国炼金术士乔治·斯塔基（George Starkey，1628—1665年）交往，后者教了他炼金术以及"化学家"的技能。此时的"化学"被认为是一种诡异的研究，混合了工匠（例如药剂师）的简单技巧以及对"贤者之石"和变出黄金的神秘追求。

　　波义耳在17世纪50年代搬到英国牛津，在此追求他的终生目标；将务实"化学家"的专业知识和自

然哲学家理解宇宙的崇高抱负结合起来。他在这个过程中有了许多实验上的突破。后来他移居伦敦，是皇家学会的创始人之一，这个学会被视为科学革命的熔炉。

新的研究方法

　　波义耳的化学成就包括对酸的变色检测、多种医疗方法，以及许多空气泵和真空的研究，这些使他提出了现在常说的波义耳定律：气体压强和体积成反比。换句话说，如果把气体压缩一半，压强就会增加一倍。

　　波义耳支持原子论的哲学，但他喜欢用"微粒"（corpuscle）这个名词而不是"原子"（atom）。

p=100 kPa（0.987 atm）

p=200 kPa（1.97 atm）

V=6 dm^3（6升）

V=3 dm^3（3升）

图46　气体的体积被压缩后，压强（以kPa为单位，千帕）就会增加。

对他而言，微粒论代表突破了不科学的亚里士多德式化学，并用实验来加强和捍卫这种新的理论。例如他示范如何根据微粒的大小和运动来说明硝石（火药的一种成分）的化学性质，而不需要靠"形式"和"品性"来说明。

正是因为想取代旧思维，波义耳写出了最著名的作品《怀疑的化学家》（*The Sceptical Chymist*），抨击四元素论和帕拉塞尔苏斯的三元素（见第52—53页）学说，并试图说服"化学家"采用更哲学的方法来研究大自然。正是这种研究方法，而不是他的实际发现，为波义耳赢得了"科学化学之父"的美誉。

愿望清单

在17世纪60年代，波义耳整理了一系列笔记，列出科学家亟须解决的问题，包括：

· 永葆青春的秘诀；

· 通过移植治疗疾病；

· 开发止痛药；

· 完全掌握飞行的方法；

· 找出让人类在水面下工作的方法。

奇怪的是，他也鼓励进行以"巨大化"为目标的研究，普遍认为是让人类的体型变得更高大。

离子键和共价键

在进一步探讨科学化学的发展之前，先介绍一下化学键的概念。我们先来看看两种主要的化学键，以及化学键的基本原理，也就是电子倾向于在原子周围的空间内分布，从而降低基团整体的总能量。

八隅体规则

不同原子之间结合形成化合物时，会倾向于寻求一种能量最低的构型。如果一组原子的总能量低于单个原子能量的总和，它们就会键合在一起，让体系能量降低。

原子的能量构型主要受电子分布的影响。对化学键而言，最重要的是围绕原子（见第28—29页）运行的最外电子层，也叫做价层，其完整性决定了原子的键合形式和反应活性。

一般来说，化学键即原子的最外层电子通过转移，形成类似稀有气体的价层构型。

价层遵守八隅体规则，也就是最稳定、能量最低的电子层构型是拥有8个电子的构型。最外层已经有8个电子的是稀有气体，如氦[1]、氖和氩等。也被称为惰性气体，它们非常不活泼。化学键中通常会转移电子，以达成最邻近的稀有气体的价层构型。电子转移的能力是成键的关键。

给予和接受

化学家在测试溶液的电解性质时（见第112—113页），发现了两种化学键：离子键和共价键。有些化合物溶解在水中会形成导电溶液，叫做电解质，而另一些则不会导电，这种溶液叫非电解质。

在离子键中，一个原子会把一个或多个电子转移给另一个原子。予体原子摆脱了"不完整"的最外

---

[1]　氦的最外层只有2个电子。——译注

层电子层，使下面"完整"的层就成为新的价层。受体原子则填满外层，变得完整。例如钠和氯原子键合形成氯化钠（NaCl）或称食盐时，钠原子会失去一个电子，达成像氖一样的电子排列，而氯原子则获得一个电子，达成像氩一样的电子排列。结果原子变成了离子：带正电的钠离子（正离子），和带负电的氯离子（负离子）。因此更正确的食盐化学式为 Na^+Cl^-。正负离子间有静电吸引力，把粒子结合在一起，形成离子化合物。

在共价键中，两个原子共享一对电子，这些电子基本上会有一个新的轨道，同时围绕两个原子。例如天然的溴以双原子（Br_2）的形式存在，因为它想获得像氖一样的完整价层。单一溴原子的最外层或价层中有七个电子，所以要变成像氖一样有八个电子，两个溴原子就要共享一对电子，让每个溴原子都能填满八隅体，从而达到稳定、低能量的构型。

化合物检核表

离子化合物		共价化合物	
电解质	√	非电解质	√
通常在室温下		固体、液体或气	
为固体	√	体	√
熔点高	√	熔点较低	√

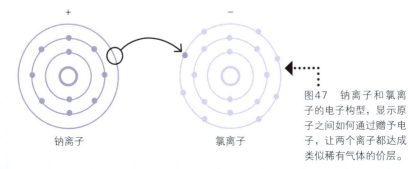

钠离子　　　　　　　　　　　氯离子

图47　钠离子和氯离子的电子构型，显示原子之间如何通过赠予电子，让两个离子都达成类似稀有气体的价层。

科学方法

为什么说在罗伯特·波义耳之前，化学都是"非科学"或"原始科学"的，但到了17世纪却成为科学呢？查比尔或帕拉塞尔苏斯的化学跟波义耳的化学究竟有什么不同？答案就在于一种新的方法论和一种新的哲学，两者结合在一起就形成了一种力量惊人的统一体系——也就是科学方法。

炼金术的麻烦

我们已经触及了炼金术一些不科学的地方，但还是要详细说明，才能和后来的发展形成强烈对比。本质上说，炼金术是建立在一些大家公认为真的叙述和理论上，即使这些叙述和理论并未经过检验或证明。例如假设基本元素有四种，或认为金属和黄道十二宫之间有联系。炼金术的程序、技术和配方非常强调那些可能发生变化的因子，例如实验者的心理情况和精神状态，因此大家相信实验者的灵魂若不够纯洁，实验就可能会失败。

炼金术认为应该用神秘的符号来隐藏自己的结果和技术，不像科学，注重分享结果和实验细节，包括技术和数量，好让其他人可以检验、批判和复制。最后一点是，炼金术士拒绝公布自己的技术，或把知识整合成条理清晰的系统或理论。

不再猜测

炼金术并不是自然哲学家唯一遭遇的棘手的学问。在医学、天文学、生物学和物理学中，最常用的方法都属于经院哲学，以假设和对权威的重视为基础。从弗朗西斯·培根，到罗伯特·波义耳和他年轻的同事艾萨克·牛顿（Isaac Newton，1643—1727年），新一代的自然哲学家试图开创新的研究方法。他们的工作就是摆脱没有证据支持的推测，转而采用观察自然的实验。

波义耳和牛顿是开发新科学方法的关键人物。简单来说，科学方法就是根据对自然的观察（也许是通过实验）得出一个初步假设，用来解释某些现象。接着就必须用实验来测试这个假设。如果实验结果不支持假设，就必须更改或放弃假设（例如波义耳就领先他的时代，认识到实验失败的价值）。如果实验结果确实支持假设，而且重复实验都可以得到相同的结果，那假设就会成为理论。如果可以观察到重复的模式，并且进一步在数学上量化，那么该理论就会升级成定律或真理。如果出现了不符合该理论的新证据，则必须更改或抛弃理论。套用支持者的说法，科学方法是通往真理的唯一可靠途径。

我们绝不能为了自己的梦想和虚妄的幻想而放弃实验的证据。
——艾萨克·牛顿

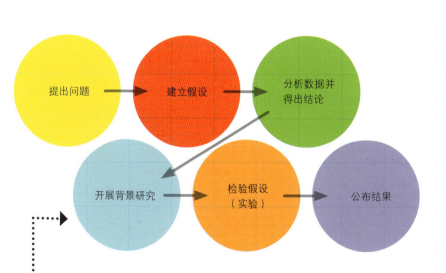

图48　这是简化的科学方法，强调必须公布实验结果，让其他人也能尝试复制并验证它们。

3

发现元素

科学革命就是化学期待已久的催化剂，它让这门新科学突飞猛进。有了新的概念、设备和技术，就有可能以古人无法想象的速度发现新元素。能在自然之书中揭开新篇章的人，可谓名利双收，本章描述的就是大家争相发现新科学原理的兴奋之情。

卡尔·舍勒

　　德国炼金术士亨尼希·布兰德（Hennig Brand，1630—1692年）在1669年从尿液中分离出磷，因而名利双收。不过必须等到18世纪中叶，化学分析技术更进步之后，其他诸多元素才陆续被发现。在发现元素这方面，瑞典是最早的中心地，尤其是卡尔·舍勒，但他从未得到应有的荣誉。

地精矿石

　　中世纪的矿工虽然对金属和矿石所知甚多，但那些知识主要还是充满迷信的民间传说。有两个例子是Kobold和Nickel，也就是德文的"地精"和"小精灵"，它们会在矿区发出奇怪的声音、烟雾并造成不幸。假铜矿产生的有毒烟雾据信就是Kobold造成的，这种假铜矿熔化后能让玻璃呈现鲜艳的蓝色。1735年，瑞典化学家乔治·布兰特（Georg Brandt，1694—1768年）发现这种颜色来自矿石中的一种金属，把它命名为钴（cobalt）。Nickel则会形成一种叫做"淘气鬼铜"的假铜矿。1751年，瑞典化学家阿克塞尔·克龙斯泰德（Axel Cronstedt，1722—1765年）发现矿石中含有一种坚硬的白色金属，把它命名为镍（nickel）。

成果丰富的发现

　　卡尔·舍勒（Carl Scheele，1742—1786年）是个主要靠自学而成的化学家，来自位于今德国和波兰地区的波美拉尼亚。他出身贫寒，几乎没受过正规教育，直到后来成为药剂师的学徒。尽管如此，舍勒还是成了一位专业的化学家与狂热的实验者。在瑞典各地工作过后，他在小镇科平（Köping）接手了一家药店，并在他短暂的余生中一直从事这份工作，拒绝了许多名声响亮的学术职位。

　　舍勒的发现非常多，涵盖了有机化学和无机化学领域，其中最有名的是氧气和氯气。舍勒是个务实的人，不是理论家，虽然他可能没看到自己的某些发现，但他在当时得到的赞誉如此之少，还是颇不寻常。这大半是因为运气不好。1773年，他

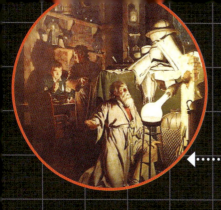

图49　舍勒并不知道自己是第一个制备氧气的人。他加热多种物质，包括硝酸钾和氧化镁，结果它们都释放出相同的气体——"火气"，因为它和木炭灰烬接触时会产生火花。

终于完成《论空气与火的化学》（*A Chemical Treatise on Air and Fire*）一书，但却等了四年才得以出版。这表示虽然他比英国的约瑟夫·普里斯特利（Joseph Priestley）更早发现氧，但却晚了三年才发表（见第84—85页）。

> 由于生火一定需要这种气体，而且大约占了一般空气的三分之一，因此我把它取名为火气。
>
> ——卡尔·舍勒

火气

　　舍勒把空气分成两种主要成分，其中一种很容易燃烧，他称之为"火气"，在一连串的实验中持续产生出氧气，并证明这种气体在植物和鱼类的呼吸中起作用。舍勒并不完全了解自己发现的结果，因此用燃素学说（见第72—73页）去解释它的性质。他在1774年发现氯气时，误以为是氧的化合物，直到汉弗莱·戴维研究盐酸时，这种气体才被认定为一种元素（见第114—115页）。舍勒的分析方法就是什么都要亲自试一下，很多他发现的东西也要拿来尝一尝，结果最后损害了身体健康，43岁就去世了。

从尿液中得到磷

　　德国科学家亨尼希·布兰德坚信可以从尿液中提取出黄金。他在地下室的实验室里储存了60桶尿液，让它们腐熟，然后煮沸制成糊状物，再加热并倒入水中让蒸气凝结，最后得到一种蜡状的白色物质，会在黑暗中发光。他把它命名为磷（phosphorus，希腊文"光明使者"之意）。

燃素学说

燃素是一种假想的物质，认为是与燃烧、还原和呼吸有关的主要物质。虽然它现在被嘲笑为科学发展上的死胡同，使严肃的化学家误入歧途，但这个化学史上的里程碑也是个有价值的理论，是科学方法力量的一个有用的例证。

燃烧的秘密

炼金术士和早期的化学家对燃烧、生锈、呼吸、发酵和煅烧（把物质加热到高温，但仍低于其熔点）非常着迷。这些过程显然有相互关联，如果能发现彼此之间隐藏的关系，特别是通用的原理，就有可能揭露自然界最深层的秘密之一。我们如今已经知道，那通用的原理就是氧气，例如木材燃烧是一种氧化形式，其中碳被氧化成二氧化碳，只留下灰烬。早期的化学家把纯金属在空气中加热后留下的粉状物质叫做矿灰，是一种金属氧化物。但在发现氧气以前，还有其他一些合理的假设。

德国科学家约阿希姆·贝歇尔（Joachim Becher，1635—1681年）认为，可燃烧的物质含有一种叫"肥土"（terra pinguis）的活

图50　德国化学家格奥尔格·恩斯特·施塔尔。在18世纪末的化学革命之前，他的燃素学说在欧洲的化学界位居主流。

化剂。扬·巴普蒂斯塔·范·海耳蒙特接受了这个假设，并创造出"燃素"（phlogiston，源自希腊文的"易燃"）一词。不过最先提出燃素理论的是德国化学家格奥尔格·恩斯特·施塔尔（Georg Ernst Stahl，1660—1734年）。他看到燃烧木炭会产生火焰和烟雾，并留下

少量的灰烬。对他来说，热和烟雾代表有些东西被赶走，而这种东西就是燃烧剂——燃素。他推论木炭是由灰烬和燃素组成。若是逆转这个过程，就等于把燃烧的产物还原——例如用木炭加热矿灰，产生纯金属。矿灰从木炭吸收燃素，产生金属。

有瑕疵的学说

作为燃烧和煅烧的第一个合理解释，燃素在科学上完全说得通。法国化学家皮埃尔—约瑟夫·马凯（Pierre-Joseph Macquer）认为燃素"改变了化学的面貌"，并极力鼓吹化学家寻找新的物质来证明燃素的存在。约瑟夫·普里斯特利运用燃素学说来解释他发现的气体（见第84—85页）。但随着化学变得愈来愈精准，这一学说也遇到了麻烦。

施塔尔的理论认为，燃烧会因为燃素消失而使质量减少，而用木炭还原矿灰则应该因为吸收燃素而使质量增加——但实验结果却刚好相反。（现在我们知道，金属在空气中加热会因为与氧气结合而增加质量，还原的矿灰则会因为失去氧而减少质量。）施塔尔和其他的燃素支持者试图自圆其说，但燃素学说最后还是在1774年被拉瓦锡的氧气学说（见第86—87页）给推翻了。

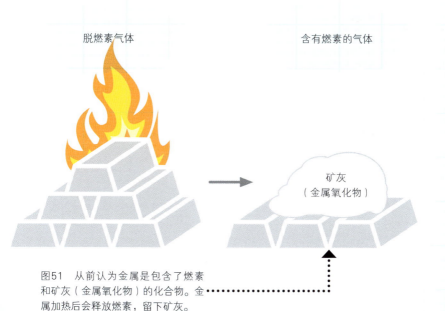

脱燃素气体

含有燃素的气体

矿灰
（金属氧化物）

图51 从前认为金属是包含了燃素和矿灰（金属氧化物）的化合物。金属加热后会释放燃素，留下矿灰。

二氧化碳

随着仪器愈来愈灵敏，且技术愈来愈进步，气体化学得以快速发展。范·海耳蒙特等炼金术士虽然能通过"品性"的研究猜测有不同类型的气体存在，但新一代的科学家却能使用定量的方法证明这些气体存在。

固定的气体

从1754到1756年，苏格兰化学家约瑟夫·布莱克（Joseph Black，1728—1799年）进行了一系列令人印象深刻的实验，从加热石灰石

图52　约瑟夫·布莱克证明二氧化碳与生命的过程有关，包括呼吸、光合作用和发酵。后来他又在热学领域有了重大的突破（见第82—83页）。

（碳酸钙）制造生石灰（氧化钙）的过程中得到一种未知的气体。由于它存在于固体中，加热才能释放出来，所以布莱克把这种新气体称为"固定的气体"。这和一个世纪前范·海耳蒙特所描述的"木头之精"是同一种气体，也就是我们现在所说的二氧化碳。

布莱克进一步展示了这种新气体在化学转换上的完整循环。分解石灰石制造出生石灰后，他证明这一过程可以逆转，用生石灰重新混合这种"固定的气体"，产生白烟。然后他通过称量，证明固定的气体也是燃烧、发酵和呼吸的产物。虽然他没有对固定的气体进一步研究，但他正确地推测出它也是大气的一个组成部分（二氧化碳约占空气的0.037%）。

布莱克对固定的气体所进行的实验，是研究"苛化"的一部分，而苛化刚好和酸化（让东西变得更

酸）相反。他描述碳酸盐类（他定义为弱碱）在失去固定的气体后，会如何苛化、变成更强的碱。碳酸盐类吸收固定的气体时，会再度转换为弱碱。布莱克还演示了把石灰石加到酸中释放出二氧化碳的起泡现象。

生命的气息

布莱克以生动的方式证明了固定的气体是呼吸的产物，他往一瓶石灰水（氢氧化钙溶液，又叫熟石灰）里吹气，结果会形成细小的白垩颗粒，变得很混浊。直到现在，这都还是测试二氧化碳存在的标准方法：

$$CO_2(g) + Ca(OH)_2(aq) \rightarrow CaCO_3(s) + H_2O(l)$$

如果继续向混合物中吹入二氧化碳，碳酸钙又会和二氧化碳反应，形成碳酸氢钙，再次变得澄

温室气体

大气中有几种会捕获热量的"温室气体"，二氧化碳正是其中之一。阳光（短波辐射）穿过大气，地球表面吸收部分能量后就变热了。地球通过释放长波红外线来冷却，但在长波红外线进入太空前，有些会被温室气体吸收。这使得大气变暖，进一步让地球表面变暖。温室效应把地球的温度提升了大约35℃，让生命能够在地球上存活。但过大的温室效应也让地球变得比正常更热，导致全球暖化和气候变迁。

清，形成无色的溶液：

$$CO_2(g) + CaCO_3(s) + H_2O(l) \rightarrow Ca(HCO_3)_2(aq)$$

类似的反应会造成硬水：雨水被二氧化碳酸化，然后和地下的石灰石反应。

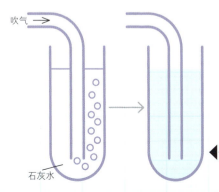

吹气 →

石灰水

图53　约瑟夫·布莱克为了证明二氧化碳是呼吸的产物，往一瓶石灰水里吹气，结果水中形成细小的白垩颗粒，溶液变混浊。

亨利·卡文迪许

在气体化学的领域里，取得最大进展的人是一位古怪的英国百万富翁，他被视为继牛顿之后最伟大的科学人物，但却害羞低调到一个病态的地步。亨利·卡文迪许揭开了大气的秘密，还创造出水，却无法和女性说话，甚至不敢看她一眼。

古怪的气场

约瑟夫·布莱克的实验（见第74—75页）启发了英国贵族亨利·卡文迪许（Hery Cavendish，1731—1810年），促使他展开对气体的研究。卡文迪许是德文希尔公爵和肯特公爵的孙子和外孙，他的父亲去世时，他就成了英国的首富之一。然而，他唯一的兴

趣是科学，他本人则是一个出了名的怪人和隐士（见第77页右栏）。

卡文迪许研究他所谓的"人工气体"，包括布莱克通过酸碱[1]反应产生的"固定的气体"，以及金属和酸混合产生的"易燃气体"。

图54　如这幅1727年的插图所示，卡文迪许使用他的集气槽，精确测量气体的属性。

① 这里的"碱"应指如石灰石等碳酸盐类物质。——译注

他使用史蒂芬·黑尔斯发明的集气槽装置（见第56—57页），把气体集中在倒置于水槽上方的容器中。卡文迪许测量排出的水量，就能计算气体的比重——相对于整个大气的密度——显示他的易燃气体是迄今发现最轻的物质。

如今我们已经知道了，卡文迪许的易燃气体就是氢气，但是，他相信"燃素理论"（见第72—73页），因此，他认为自己发现的可能是燃素。后来他确定了大气（也就是"普通空气"）的主要成分：氧气和氮气，并分别命名为"脱燃素气体"和"燃后的气体"。1781年，他将易燃气体和普通空气混合，同时使用电火花点燃混合物，产生水滴。他测量了剩余的气体，发现大约有五分之一的普通空气消失了。再后来，他只用"易燃气体"和"脱燃素气体"（氢气和氧气）重复实验，结果产生纯水。终于推翻了水是基本元素之一的古老观念（但他误以为水是燃素物质和脱燃素气体结合之后产生的）。他还注意到，普通空气中存在少量剩余的气体是惰性的，在一个世纪后，这种惰性气体被确定为氩气。

害羞的科学家

卡文迪许性格古怪。根据英国皇家学会的一位会员描述，卡文迪许出现在伦敦时绝对是躲在马车里，而且很少说话。他非常害羞，但有时却不得不参加学会的会议，当他走进一个有人群的房间里时，他都会发出"尖叫"。如果有人正眼看他，他就会"迅速躲避"，而若是跟他说话，他就会逃回家。他对女人尤其害羞，只用纸条和女管家沟通，并禁止女仆接近他。巨额的财富对他来说无关紧要，甚至连他的死也很古怪。得知自己时日无多时，他先计算好自己可能死亡的时间，然后严格指示他人，在那个时间之前务必让他独处。有个担心他的男管家提早了半小时进入屋里，还被他骂了出来。

他敏锐、睿智、深邃，我认为他是当代最有成就的英国哲学家。
——汉弗莱·戴维

水
···

　　平凡无奇的水是我们最熟悉的液体，但就化学性质和物理性质而言，水却是最不寻常的液体之一，这使它成为地球上最重要的物质。水在化学中扮演核心角色，它被称为万能溶剂，会产生酸碱性等现象。对地球上的生命而言，水在很多方面都是必不可少的。

角度与极性
· · · · · · · · · ·

　　化合物中键的种类和分布，决定了化合物的结构和形状，也决定了化合物的性质。水分子由一个氧原子和两个氢原子通过共价键连接而成，因此不会呈直线形（H—O—H），而是带有角度（104.5°）的形状：

　　水的独特性质对地球上的生命而言至关重要，而这些特性就来自这种角形分子，因为它会让分子拥有侧边或"末端"。由于氧的电负性比氢强，因此会强烈吸引共价键中的电子对，让它们更靠近氧原子。因此氧会带部分负电荷，每个氢原子则带部分正电荷，整个分子会有一个负极和一个正极，成为偶极。

静电吸引
· · · · · · · · · ·

　　这种极性造成的一个结果，就是水分子之间的相互作用：一个分子中部分带正电的氢原子会被另一个分子中部分带负电的氧原子所吸引，这种相互作用叫做氢键。水分子之间的氢键使水具有许多独特的性质，例如沸点特别高。一般而言，液体的沸点与其分子质量有关（见第102—103页）。跟水的分子量相同的物质，在室温下通常是气

> 水的独特性质对地球上的生命而言至关重要，而这些特性就来自这种带有角度的形状。

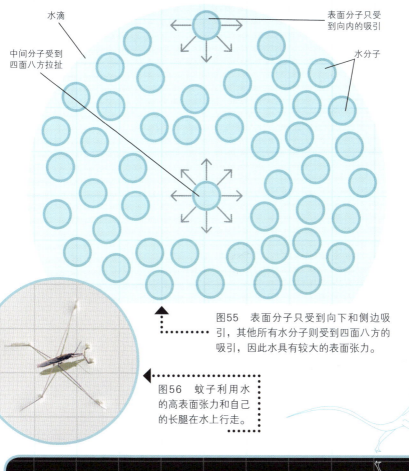

水滴

中间分子受到
四面八方拉扯

表面分子只受
到向内的吸引

水分子

图55 表面分子只受到向下和侧边吸引，其他所有水分子则受到四面八方的吸引，因此水具有较大的表面张力。

图56 蚊子利用水的高表面张力和自己的长腿在水上行走。

有柔性的表面

　　与其他大部分液体相比，水分子之间的连接和相互作用更强大，这点在液态水的表面最明显。由于表面分子只受到向下和侧边吸引，其他所有分子则受到四面八方的吸引，因此水具有很大的表面张力，得以让蛇怪蜥蜴之类的小生物可以在水面上行走。这也表示水的蒸发速率远小于预期，有助于把地球上大部分的水留在海洋里，而不是在大气中。

图57 冰会漂浮在水面上，因为固态水的密度小于液态水。

缓慢释放，在全球范围内，这有助于防止地球像其他行星那样，昼夜温度大幅波动，并缓和地球长期的气候变化。水结冰时，氢键会让分子排列成稳固的矩阵，密度小于液态水，所以冰会漂浮在水面上而不会下沉。正因为如此，水体只有最上层会结冰，其余的部分则被隔绝了。

溶解力

因为具有极性，且形状带有角度，水成为离子和极性共价物质的强力溶剂（见第64—65页）。由于部分带电荷，水和离子能发生强烈的相互作用。所以当离子物质溶解在水中时，水分子的正极会包围负离子（带负电的离子），而负极则包围正离子（带正电的离子）。类似的过程也让水可以溶解极性共价物质。许多有机化合物（例如糖、醇和蛋白质）都含有O—H和N—H键，这些键带有极性，因此会溶于水。被水分子包围的离子叫水合物，因此像Cu^{2+}（离子化的铜）这样的离子，更正确的描述方法应该是$[Cu(H_2O)_6]^{2+}$。许多的无机物质都可以形成结晶水合物固体。

体。相较之下，水在一个很大的温度范围内都是液体，因此对地球上的生命而言水是很稳定的介质。

氢键还让水具有很高的热容，也就是改变水的温度所需要的热量。氢键也让水有很高的汽化热，也就是发生相变所需要的热能（更多关于热的内容，请见第82—83页）。因此水体会吸收大量的热并

液态水也会微弱电离，可表示为：$H_2O \rightleftharpoons H^+ + OH^-$。符号"$\rightleftharpoons$"表示反应是可逆的，两个方向都会发生，因此发生正反应和逆反应的速率是一样的。增加H^+离子数量的物质为酸性，而增加OH^-离子数量的物质为碱性。

水在一个很大的温度范围内都是液体，因此对地球上的生命而言水是很稳定的介质。

与光接触

水会强烈吸收红外光，但可见光和近紫外光可以穿透水。这表示空气中的水蒸气在白天会让太阳辐射穿透，加热地球，晚上则会阻止热量散失，在昼夜循环的过程中让地球的温度保持相对平稳。水蒸气也是一种温室气体（见第75页）。

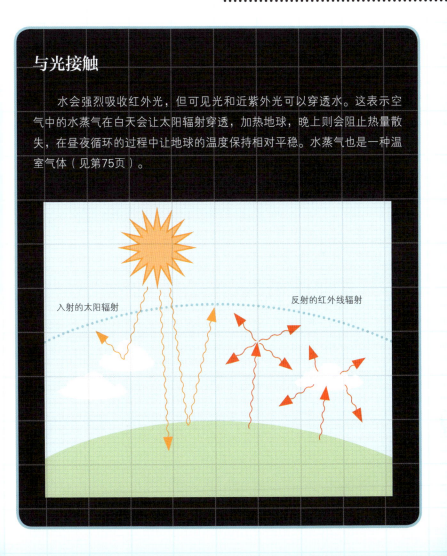

入射的太阳辐射　　　　　　　　　　　　　　反射的红外线辐射

热

对古人来说，火是主要元素之一，虽然到了18世纪中叶，古典元素的理论就已经被取代，但化学家仍然不清楚热的性质和表现。人类很快就通过有趣的观察和巧妙的实验发现了热化学的重要方面。事实上，热的原理是整个化学的基础。

隐藏的热量

荷兰的温度计发明者丹尼尔·加布里尔·华伦海特（Daniel Gabriel Fahrenheit，1686—1736年）发现了一个奇怪的现象。他注意到"过冷水"，摇一摇会立刻变成冰，温度一下达到0℃。约瑟夫·布莱克（见第74—75页）也进行了自己的研究，结果也发现给水加热时，水的温度变化和接收的热能明显不一致。他在融化冰块时发现，虽然冰块吸收了热，但温度却没有变化——换句话说，它只是从0℃的冰变成了0℃的水。热量好像以某种方式和水的粒子结合，在温度计上"隐藏"了起来，因此叫做"潜热"。他甚至测得出这种潜热：物质从固体变成液体，或是从液体变成固体时，叫"熔化潜热"；物质从液体变成气体时，则叫"汽化潜热"。

布莱克通过这些发现进一步指出，相等质量的不同物质若要有相同的温度变化，所需热量不同。这就是所谓的"比热"（也称"比热容"）：1克物质升高1℃所需要的热量。

另一个更通用的概念是"热容"（也称"热容量"）：改变物质温度所需的热量。热容的单位是卡路里或焦耳，所以比热的单位

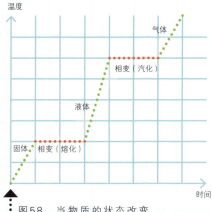

图58　当物质的状态改变时，物质的温度保持不变。

设定的温度

最早被广泛采用的是华伦海特的温标。他使用盐和冰的混合物，把它能够达到的最低温度设定为0度。瑞典科学家安德斯·摄尔西乌斯（Anders Celsius，1701—1744年）在1742年提出，应该以（海平面上）水的结冰和沸腾为固定温标，进行科学的温度测量。他建议把水的沸腾温度设为0度，把水的结冰温度设为100度，但他的学生把温标颠倒过来，后来整个欧洲都采用，即为摄氏温标。科学家通常更喜欢使用以开尔文勋爵（Lord Kelvin，1824—1907年）命名的开氏温标。开氏温标从绝对零度（完全没有能量的理论状态）开始计量，以开尔文（K）为单位，水在273K结冰。$1K = 1°C = 1.8°F$。

是卡路里每克或焦耳每克。水的比热为$1 \ cal/(g·°C)$或$4.186 \ J/(g·°C)$。

被误认为是物质

布莱克发现的潜热，非常符合当时对热的性质的看法。如果热以某种方式和水粒子结合并且锁住，那不是和燃素或固定的气体很像吗？18世纪的科学家就是这么认为的，他们认为热是物质的一种形式（"火的物质"），不是粒子就是某种有弹性的流体。拉瓦锡（见第88—89页）后来把热的概念形式化并取名为"卡路里"（caloric，意为热质），但必须再过70年，化学家才开始接受热是一种能量形式，而不是物质。

图59　约瑟夫·布莱克是第一位注意到热和温度不是同一回事的人。温度是物体中个别粒子的平均动能，以华氏度、摄氏度、开为单位。热则是物体中热能的总量，以焦耳为单位。例如一杯水和一浴缸水的温度也许相同，但浴缸所容纳的热量远大于杯子，因为浴缸装了更多的水，能够存储更多的热能。

约瑟夫·普里斯特利

在18世纪后期，化学开始变得非常流行，化学上的发现与竞争已经关系到国家利益。牧师与政治激进分子约瑟夫·普里斯特利应为此承担部分责任，他是苏打水的发明者，也是氧气的发现者。不过，他最后还是因为化学家这个身份愈来愈受关注，直至惹祸上身。

让水滋滋冒泡

约瑟夫·布莱克和亨利·卡文迪许的发现代表气体化学即将进入一个激动人心的时代，其中最多产的人莫过于约瑟夫·普里斯特利（Joseph Priestley，1733—1804年），他至少发现了8种新气体。普里斯特利来自一个非国教徒家庭，担任牧师和教师。非国教徒是与英国主流国教"持不同政见"的激进分子一样，经常持有激进的政治观点。

在1766年认识了美国科学家本杰明·富兰克林（Benjamin Franklin）之后，普里斯特利投身于科学研究，不久之后，就在英格兰的利兹当上牧师，住在啤酒厂的隔壁。他证明了从发酵的啤酒桶中冒出来的那层气泡是"固定的气体"（二氧化碳）。由于手头有大量的来源，他决定尝试模拟某些矿泉水自然起泡的状态。他借助压力把二氧化碳溶解在水中，制造出碳酸水，在欧洲掀起一股"苏打水"的狂潮。

气体大王

1773年，普里斯特利获得了一个为他提供大量时间的职位。他深入研究气体化学，完善了黑尔斯的集气槽（见第77页），并巧妙地用汞代替水，来收集水溶性气体。他还拿来一个30厘米宽的放大镜，用来聚焦太阳光，产生很高的温度。他使用这套装置，发现了多种气体，包括一氧化氮（NO）、一氧化二氮（N_2O，又叫笑气）、二氧化硫（SO_2）和氨（NH_3）。

普里斯特利1772年首次观察到光合作用，证明植物会产生动物呼吸所需要的"气体"。他在1774年用放大镜加热汞的红色矿灰（在空气中燃烧汞所产生的粉末），合成出这种气体。加热矿灰到足够的温度时，矿灰就变回了汞。他注意到释放出来的气体无色无味，但可以让火焰燃烧得更加明亮。进一步测试发现，这种气体比普通的空气更"纯净"：普里斯特利说明，老鼠在装满这种气体的玻璃容器中存活了一个小时，但如果只是普通空气，那只老鼠大概只会存活15分

众矢之的

科学在18世纪变得高度政治化，很少有科学家比普里斯特利更激进。他直言不讳反对国教，支持法国大革命，进而成了英国宣泄反革命情绪的一个标靶。1791年7月14日，也就是法国大革命两周年的纪念日，伯明翰的暴徒烧毁了普里斯特利的家。他和家人一起逃往伦敦，最终辗转流亡到美国。他孤独终老，坚持燃素理论，这让他与化学界的主流科学家产生了分歧。

钟。普里斯特利致力于燃素理论，因此他认为这种新气体就是脱燃素气体。但在1774年造访巴黎时，他把他的发现告诉了拉瓦锡（见第86—87页），结果最后确定了普里斯特利的"纯净气体"就是氧气，从而粉碎了燃素学说。

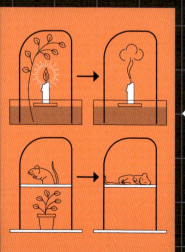

图60　普里斯特利通过实验证实植物会产生氧气。他发现燃烧的蜡烛和老鼠只能在有植物的密封罐里存活。蜡烛和老鼠都要依赖植物产生的氧气（反之，植物也依赖于它们产生的二氧化碳）。

拉瓦锡与化学革命

　　安托万-洛朗·拉瓦锡被尊为"化学革命"之父，是他那个时代——或许也是有史以来——最伟大的化学家。他虽然没有发现任何新元素，但主要却是靠他，化学终于成为一门科学。在法国大革命终结他的生命前夕，他弄清了氧气的作用、定义了"元素"一词，并引入科学命名法。

诞生的工具

　　安托万-洛朗·拉瓦锡（Antoine-Laurent Lavoisier，1743—1794年）是一位富裕律师的儿子，受过教育

且学过法律，后来才从事科学工作。起初他是一位地质学家，因此开始接触化学，为了进入享有盛誉的科学院而建立一个实验室，最后达成了目标。为了确保有自己的收入投入科学研究，拉瓦锡加入了大型包税公司（Ferme Générale），专门为国王收税（见第89页栏目）。当时科学变得愈来愈专业化，加上拉瓦锡需要的精密仪器导致花费也愈来愈高。

　　他在1772年把注意力转向气体化学，进行磷和硫的燃烧实验，发现在空气中燃烧时，磷和硫的重量会增加。他还发现用木炭（碳）加热密陀僧（一氧化铅，一种铅矿石）时，会还原出铅、释放气体并减轻重量。

　　这项发现和燃素学说相互矛盾。燃素学说认为，把矿石还原成铅，需要添加燃素而不是去除某种成分。于是拉瓦锡踏上了推翻燃素神话之路。

图61　拉瓦锡买得起最好的设备，这有助于他成为出色的化学家。

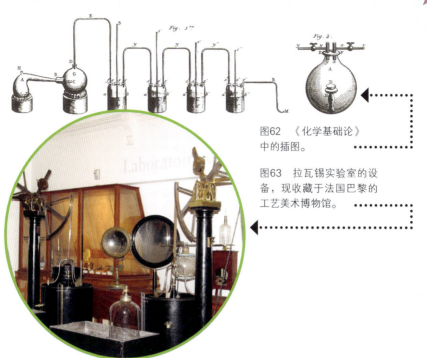

图62 《化学基础论》中的插图。

图63 拉瓦锡实验室的设备，现收藏于法国巴黎的工艺美术博物馆。

燃烧的秘密

两年后，拉瓦锡得知普里斯特利发现"脱燃素空气"。他亲自试验这种新的气体，结果很快就了解到这是和燃烧、还原、呼吸、发酵和酸化过程都有关的原理。他重复普里斯特利的研究，证明了这种新的气体是维持生命的大气成分之一，刚开始把它取名为"极适呼吸的气体"，并证明燃烧和呼吸作用会把这种气体转化为约瑟夫·布莱克所定义的"固定的气体"（二氧化碳）。1777年，拉瓦锡已经准备好用新的"燃烧通论"来取代燃素，并为新的燃烧要素取了新的名

字：氧气。他对酸的研究已经显示有氧牵涉其中，因此他把这种"极适呼吸的气体"叫做"成酸素"或"氧素"（氧的英文oxygen源自希腊文的"产酸者"）。

凭借氧气这一全新理念，拉瓦锡就能证明燃素学说是本末倒置的。燃烧、呼吸和生锈是添加氧，还原则是损失氧。木炭与氧气结合，产生了固定的气体。当拉瓦锡学会在氧气中燃烧氢气生成水时，谜题的最后一片拼图就位了。拉瓦锡证明水是一种化合物，由氢（hydrogen，拉瓦锡用希腊文中的"装水者"来命名）和氧组成。

科学定义

● ● ● ● ● ● ● ●

1789年出版的《化学基础论》（*Traité Elementaire de Chimie*）是拉瓦锡化学领域的巅峰之作。这部著作以清晰、逻辑性强的方式阐述拉瓦锡的发现和推理，支持了他现代化、科学化的化学认知："我们只能相信事实：这些都是大自然呈现给我们的，不会骗人。在任何情况下，我们都应该用实验检验自己的推理，寻求真理只能通过实验和观察的自然途径获取。"

拉瓦锡在化学领域的重要创新之一，即对元素有了决定性的新定义："分析所能达到的终点"——就是说元素是无法再分解的物质。他承认随着技术的进步，过去无法分解的某些物质后面可能被证明是化合物。的确如此，他所列举的33种物质，有几种被证实是氧化物。他还天才般预言：有几种碱土（无法再分解的碱性固体）很快会被证实是金属氧化物。后来汉弗莱·戴维真的用新的电解技术从熔化的盐类中分离出碱土金属（见第112—113页）。

拉瓦锡列出的化学史上第一张元素表，是他对化学科学的另一个巨大贡献。通过昂贵、高度灵敏的仪器，他完善了测量反应物和产物（无论是固体、气体或液体）的技术，并强调准确量化反应物和产物的重要性。这也促成他得出物质守恒定律。

> 我们可以把它当成毋庸置疑的定律：在所有工艺与自然的操作中，没有任何东西是凭空创造出来的；实验前和实验后必定存在等量的物质；元素的质和量完全相同；除了改变这些元素的组合外，不会发生任何事。化学实验的整个技术都是以这个原则为基础。我们必须始终假设，被检测物体的元素与被分析产物的元素，是完全相同的。
>
> ——安托万-洛朗·拉瓦锡

拉瓦锡最大的错误

　　拉瓦锡也会犯错。他新体系的核心理论是一种假设的热原理，被他称为热质（caloric）。即热质是一种没有质量、无法检测的物质，热质的性质类似液体或气体，拉瓦锡声称氧气其实是氧和热的混合物，由热量来决定它的相。这和燃素学说一样走进了死胡同，从许多方面来说，这只是把过去的火元素换了个名称而已（见第82—83页）。

怪咖的复仇

　　拉瓦锡拥有非常多的成就。除了化学研究以外，他也是个勤奋的税务官，参与了许多市政事务，包括协助制定度量衡制度、协助巴黎政府在城市周围建造一道不受欢迎的反走私墙。不幸的是，面对一个复仇心极强的科学外行人，他的任何成就都救不了他。让—保罗·马拉（Jean-Paul Marat，1743—1793年）在成为法国大革命激进的领袖之前，是一位有抱负的科学爱好者，希望加入科学院，但被拉瓦锡拒绝。后来，取得大权的马拉指控这位化学家，说他企图用墙来"囚禁"巴黎。审判时，拉瓦锡请求宽恕，好让他继续从事科学研究，但被法官驳回。虽然他支持革命事业，但与可憎的税收行动相比时毫无分量。他在1794年5月8日被送上断头台处决。

氧气与氧化还原反应

拉瓦锡提出氧的概念，改变了化学，并且证实是化学领域中最重要的原理之一。氧不仅是极其重要的元素，且它形成化学键和离子的过程（也就是氧化还原反应）更是燃烧、电化学、呼吸作用、光合作用，以及酸和碱化学的核心。

氧的规则

现在我们知道，氧的外层有6个电子，所以还需要2个电子来满足八隅体规则。换句话说，它的化合价为+2价（见第64—65页）。这表示其他元素要和氧键合（氧化）时，会提供2个电子来结合，化合物失去氧（还原）时，会获得电子。

然而，现在所说的还原和氧化已经不只是失去氧或获得氧，而是指任何获得或失去电子的反应。由于还原和氧化一定会同时发生，因此它们就像是一枚硬币的两面，由两个半反应共同组成氧化还原反应。请记住，最重要的规则：还原=获得电子，氧化=失去电子。

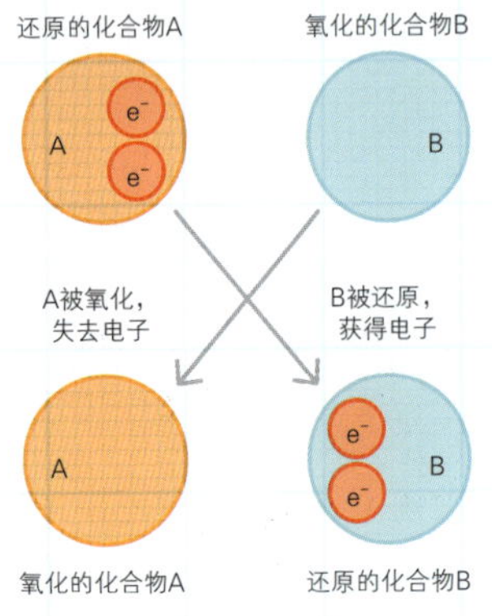

扩展定义

氧化还原反应包括我们已经提过的反应，例如燃烧、生锈、中和、置换和电化学反应。由于牵涉到氧化还原的反应范围很广，可以通过三种方式来定义：

还原可以是获得电子，但也可以是失去氧，或是得到氢——这三种情况都是一样的，因为都有净增的负电荷。因此，锌的正离子（带正电的离子）变成金属锌时，它通

图64　有氧化就有还原。

还原的化合物A　　　氧化的化合物B

A　　　e^-　e^-　　　B

A被氧化，失去电子　　　B被还原，获得电子

A　　　B　e^-　e^-

氧化的化合物A　　　还原的化合物B

过获得电子而被还原。红色的汞矿灰（氧化汞，HgO）被加热直至分解成汞和氧时，因为失去氧而被还原。一氧化碳（CO）和氢气（H₂）结合产生甲醇（CH₃OH）时，一氧化碳因为获得氢而被还原。

氧化意味着失去电子、得到氧或失去氢。所以钠和氯结合形成食盐（Na^++Cl^-→NaCl）时，钠因为提供一个电子给氯而被氧化。碳燃烧时则因为得到氧而被氧化成二氧化碳。甲醇逆向反应（CH₃OH→CO+2H₂）时，甲醇失去氢，被氧化成一氧化碳。

置换反应

在所有反应中，有一种物质还原，就会有另一种物质氧化，反之亦然。置换反应就是一个很好的例子，

例如铜置换硝酸银溶液中的银：

$$Cu(s) + 2AgNO_3(aq) \rightarrow Cu(NO_3)_2(aq) + 2Ag(s)$$

这种反应实际发生时，硝酸银因为是溶液而电离出离子（Ag^++NO_3^-），硝酸根离子不参与反应。银离子（称为氧化剂）氧化了铜，而铜则还原了银。方程式只显示参与反应的离子：

$$Cu(s)+2Ag^+(aq) \rightarrow Cu^{2+}(aq) + 2Ag(s)$$

进一步拆成半反应，可清楚了解氧化还原反应中的电子转移（电子为e^-）：

$$Cu(s) \rightarrow Cu^{2+}(aq) + 2e^- \text{[氧化]}$$
$$2Ag^+(aq) + 2e^- \rightarrow 2Ag(s) \text{[还原]}$$

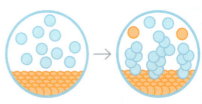

图65　铜(Cu)置换出硝酸银溶液中的银（Ag）。

氢气与"气球热"

从许多角度来看，氢都是最初的元素——元素周期表中的第一个元素，自然界经历宇宙大爆炸所产生的第一个元素。氢还是宇宙中最常见的元素，宇宙的绝大部分都是由氢构成的。在地球上，氢也是让未来更绿色环保的关键，但它最著名的应用却是飞行。

重要元素

氢约占宇宙质量的四分之三，占所有分子的90%以上。虽然这种新元素最早是卡文迪许描述的，但早在中世纪，炼金术士就已经发现了氢，因为他们经常使用强酸和金属，结合后会产生氢气。17世纪，法国的泰奥多尔·蒂尔凯·德马耶内（Theodore Turquet de Mayerne，1573—1655年）和尼古拉·莱默里（Nicolas Lemery，1645—1715年）在硫酸中加入铁，产生了氢气，并发现它极度易燃，

图66　人类乘坐气球的最早记录是在1783年的巴黎，搭乘的是约瑟夫·蒙戈尔菲耶（Joseph Montgolfier）和埃提安·蒙戈尔菲耶（Etienne Montgolfier）兄弟（左）设计的巨型热气球。

当时他们以为氢只是硫的一种形式。直到拉瓦锡分解了水，才知道氢是一种元素，并且为它命名。

卡文迪许用氢气吹肥皂泡，观察它们的浮力，拉瓦锡则进行了精确的测量，发现氢的质量只有普通空气的1/13。不久大众就都看到了这种新气体的显著用途。1782年，和兄弟共同经营造纸公司的约瑟夫—米歇尔·蒙戈尔菲耶（Joseph-Michel Montgolfier，1740—1810年）思考能否把充了气的纸袋用来进行军事空袭。隔年，蒙戈尔菲耶兄弟以热空气作为浮力，同年8月在巴黎，科学家雅克·亚历山大·夏尔（Jacques Alexandre Charles，1746—1823年）让一个装满氢气的丝绸袋上升得更快更高。

未来的燃料

氢气常有可能成为未来的能源。分解水能产生氢气，然后氢气和氧气在燃料电池中反应就能产生电能。反应中唯一的产物是水，因此没有污染。以氢气为燃料的想法并不是现在才有的。早在1874年，儒勒·凡尔纳（Jules Verne）小说中的角色就宣告："我相信有一天水会成为燃料。构成水的氢和氧，无论是单独还是一起，都将提供取之不尽、用之不竭的热源和光源……水将会是未来的煤炭。"

气球竞赛

到了9月，蒙戈尔菲耶兄弟在凡尔赛宫让载着绵羊、鸭子和公鸡的热气球升空，引起了轰动。于是法国掀起一股"气球狂潮"，世界其他国家也紧随其后。全世界都在期待，看谁能首先载人升空。

11月21日，"蒙戈尔菲耶热气球"在巴黎首次载人升空。仅仅10天后，查尔斯也乘坐氢气球升空，他的气球具有许多现代热气球的特征，包括柳条篮、涂有橡胶的密封气球、排气系统和压载系统。

他此行吸引了40万人聚集，相当于巴黎的一半人口。尽管大家如此兴奋，还是有人怀疑这套新装置的实用性。但约瑟夫·盖伊-吕萨克（Joseph Gay-Lussac）在1804年进行了一趟著名的升空之旅，他搭乘氢气球飞抵巴黎上空7千米高处，从而发现了人在大气中能够呼吸的极限高度。随后，热气球升空的狂热逐渐消退，但氢气被用于热气球。直至20世纪齐柏林飞艇时代，氢气才被氦气取代。

科学命名系统

拉瓦锡和他的法国学派的遗产之一，就是引入一种新的化学语言——科学命名系统。这套新系统摒弃了在化学发展过程中随意建立起来的旧术语和杂乱的命名系统，新系统带给我们清晰的定义和准确的思考，直到今日仍然伴我们左右。

化学的混沌

几千年来，炼金术和工业界建立了一个杂乱的命名系统。名称来自不同的传统、语言和地区，它们可能取自地点、制造方法、物理性质（如状态、气味、硬度及颜色）、发现者，或是占星术和魔法影响等。同一种化学物质可能有好几个名称，反映出不同的历史，或是不同的生产方法。以硝酸为例，从硝石中蒸馏出来时叫硝酸精，或硝镪水。诸如"土""油""气"等名词没有特定性，用法也不一致，而同一种物质在不同的相或溶液中的名称也可能不同。

改进后的命名

18世纪，由于新的元素和化合物的发现使人们开始关注命名问题，有人开始尝试改革并标准化术语。瑞典化学家托贝恩·贝格曼

图67　路易-贝尔纳·吉东·德莫尔沃

（Torbern Bergman）提出跟植物命名法相似的系统，这影响了法国化学家路易–贝尔纳·吉东·德莫尔沃（Louis–Bernard Guyton de Morveau，1737—1816年）。他建议化学命名应该简短、以经典词根为基础，并能反映出物质的组成。

　　吉东的想法在1787年出版的《化学命名法》（*Chemical Nomenclature*）中得以实现。这本书是由吉东、拉瓦锡和另外两位化学家共同撰写。但书中提出的系统是有争议的，是因为对许多英国和德国化学家而言，书中提出的新系统是基于拉瓦锡的学说，而拉瓦锡的学说尚未得到证实。例如混合体（化合物）的名称，可以通过组成混合体的单体（元素）名称组合起来创造。这是基于拉瓦锡对元素的定义，以及他声称人们所熟悉的水实际上是混合体（化合物）的观点。

　　在新系统里，密陀僧或白铅成了氧化铅，而臭气则成了硫化氢。没有了燃素，只有33种物质被列为元素。当时最新发现的元素（例如氧和氢）是根据它们的化学性质而不是主观属性来命名，这些名称再次反映了拉瓦锡的学说。词尾显示出比例，例如硫酸含有的酸素（氧）多于"亚"硫酸。

　　对拉瓦锡而言，术语改革对化学的科学至关重要："完善的语言系统才能创造出完善的科学。"

负面反应

　　这个新系统是建立在拉瓦锡的学说基础之上，因此在引入时遭遇了不少困难。但德国和英国的化学家为了阅读拉瓦锡的著作，被迫学习它的理论，于是这个系统就慢慢流行了起来。甚至在拉瓦锡的学说被修正后仍然屹立不倒。例如，汉弗莱·戴维证明盐酸不含氧，推翻了拉瓦锡的"氧是酸素"的理论时，照理应该要更改名称才对。英国人接受了经典名称，而在德国，许多新名称都是翻译来的，所以命名中氧仍然是"酸的材料"（Sauerstoff），而氢则是"水的材料"（Wasserstoff）。

　　由于思想是通过语言来保存和交流的，因而我们要改进任何一门科学的语言，势必会改进这门科学。同样，我们也不可能……在不改进语言或术语的情况下，改进一门科学。

　　——安托万-洛朗·拉瓦锡，《化学元素》

4

原子与离子

拉瓦锡的化学革命改变了化学原本的研究方式，并激励了新一代的科学家。然而，这门新兴的科学领域还缺乏许多像牛顿这种赋予物理学特性的人，这些特性好似简单的数学原理和定律。本章将解释这些原理和定律，讲述它们发现经历，同时介绍一种分析物质的新工具。

原子量与原子理论

尽管化学如今已经牢固地确立为一门科学，但它在许多方面仍带有神秘色彩。哪些物质是元素？元素由什么构成的？它们如何组成化合物？化学家如何确定这些化合物的分子式？物质的微观世界似乎永远看不透，直到一个简单的发现让一切变得清晰。

确定比例

罗伯特·波义耳等人在17世纪复兴了原子论，而大半个科学界也都接受了牛顿的猜测。牛顿认为物质是独立、不可分割的粒子，这些粒子通过类似引力但要小得多的吸引力和排斥力相互作用。换句话说，原子的微观世界反映了行星和卫星的宏观世界。

这个猜测听起来很合理，但缺乏直接探索原子世界所需的科技，因此直至化学的原子论出现之前，这个猜测几乎没有实际用处。1788年，法国化学家约瑟夫–路易·普鲁斯特（Joseph–Louis Proust，1754—

1826年）发现了"定比定律"，又叫"定组成定律"。从前，人们认为化合物的组成可以改变，例如某些水体可能比其他水体拥有更多的氧。但普鲁斯特仔细分析之后发现事实并非如此。化合物全部都是由

"化合物具有相同的质量比例，与来源或数量无关。"

▲···图68　约瑟夫–路易·普鲁斯特发现著名的"定比定律"。

固定的元素依照质量的简单比例组成的，更重要的是这些比例都是整数。

新的系统

约翰·道尔顿（John Dalton，见第100—101页）发现，原子理论可用来解释普鲁斯特的定律：化合物一定是由独立的粒子所组成，而且这些粒子的质量必定相差整数倍。道尔顿在1808年发表了《化学哲学的新体系》，这是化学原子论的奠基教科书。他在书中说明，每种元素都有各自的特征原子，以它们的相对质量来区分。他没有推测原子的其他性质（当时无法检验这些性质），但他通过定量的化学方法，计算出不同元素的原子相对质量。

当时已知氢是最轻的元素，道尔顿把氢的原子量定为1，据此计算其他元素的原子量。对水的分析显示，水的成分为氧和氢，质量比为8：1。道尔顿假设，大自然会让事物尽可能简单，所以水的分子式很可能也是最简单的：一个氢原子和一个氧原子。因此，氧的相对重量或原子量必定是8。通过这些重量，他就能计算出其他元素的重量。实际上，道尔顿的假设经常出错，导致他计算失误，所以他所提

质量与重量

"原子质量"和"原子量"这两个词，有时可以交替使用。两者虽然都是以原子质量单位（amu）来表示，却还是有所不同。

原子质量是原子的质量数，也就是质子和中子的总和。相同元素的原子具有不同的中子数，因而有不同的质量数，这就叫做同位素（见第132—133页）。在大自然中，元素通常是以同位素混合的形态存在。例如碳以三种不同的同位素形式存在：碳−12、碳−13和碳−14，原子质量分别为12、13和14。

原子量则是同位素原子质量的平均值，取决于哪一种同位素含量最多。碳主要是以碳−12的形式存在，所以碳的平均原子质量为12.011（12），这就是原子量。

原子质量 —— $^{12}_{6}C$

原子序数 ——

出的原子量很少是准确的。不过他建立了化学原子论，使化学家走上定量的科学道路。

约翰·道尔顿

约翰·道尔顿是个出身平凡的英国乡下人，没受过什么正规教育，和当时的学术中心也没什么联系，但后来还是变得很有名。他的发现促进了化学的发展，而他的职业生涯标志着科学发展的一个重要阶段。

小镇科学家

约翰·道尔顿（John Dalton，1766—1844年）出生于英格兰北部坎布里亚郡（Cumbria）一个虔诚的贵格会家庭，注定和19世纪的英国科学界无缘。当时的英国科学界集合了拥有特权、士绅地位的业余科学家，还有以英国皇家学会为中心的严密组织。

身为不属于国教的贵格会成员，道尔顿就算负担得起学费，也会被禁止进入优秀的大学。因此他只能在乡村学校接受教育，读到12岁，然后开始在学校教书。后来他也当过校长、讲师，最后是私人家教，并搬到曼彻斯特，在贵格会教徒的鼓励下进行科学研究。

道尔顿一开始研究的是气象学，因此他对水的三相都很有兴趣。例如他发现，水的密度会随着温度变化，在4℃时密度最大。水蒸气的研究带领他踏进气体化学的领域，而他很快就成为坚定的原子论者。当时的化学界就算是接受了波义耳的原子理论（见第62—63页），但大部分人还是不确定原子是否为真正的物理实体。不过道尔顿对此没有疑虑，并且同样坚信物质守恒定律。

图69　约翰·道尔顿

道尔顿定律

他从原子论的角度看气体，提出的结果现在被称为道尔顿定律，或称"道尔顿分压定律"，并于1801年发表。道尔顿定律指出，在混合气体中，每种气体都独立产生压力，所以总压等于各组分气体的分压之和。不过这只适用于理想气体（见第56—57页），所以这个定律更准确地说，在混合气体中（例如大气），各种气体之间是没有化学相互作用的。

道尔顿的原子量学说为他带来了更大的名气，但身为一个乡下局外人，又不愿意加入英国皇家学会（他认为那只是一群业余爱好者），同行对他的评价也不见得都是好的。虽然如此，道尔顿还是扬名国际，他的葬礼有近4万人参加。

新类型的科学家

道尔顿属于新一代类型：在乡下地区和伦敦士绅的业余科学组织之间的关系日益紧张的时代，一个没有地位或家产的人成为专业的科学家。道尔顿在英国科学促进会的建立中扮演了重要角色，这是除了英国皇家学会以外的另一种选择，也反映了科学界不断提升的专业水准。英国科学促进会在1831年成立，它每年举行一次会议，大多在伦敦以外的地方举行，是英国科学界发布重大进展的论坛。

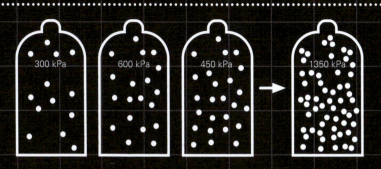

图70　理想气体混合后的总压，以kPa（千帕）表示，等于各组分气体分压的总和。

摩尔与阿伏伽德罗常数

原子和分子都非常微小，无法直接称量或计数。这就是摩尔出现的原因，可以让化学家了解原子量与实际的质量和测量值之间的关系，并可找出化合物实际的分子式。摩尔是微观世界和宏观世界之间的桥梁。

用称重来计算数量

1摩尔的意思：物质中含有的粒子数刚好和12克的碳–12同位素中所含的原子数一样多。粒子可以是任何东西——原子、分子、离子或电子，只是必须标注清楚。12克的碳–12中含有的原子数，叫做阿伏伽德罗常数，以19世纪首先提出摩尔概念的科学家命名（见第104—105页）。摩尔是6.0221367×10^{23}，也就是602个10亿兆，或是602后面有21个零。摩尔让我们得以通过称重来计算数量。

摩尔把元素的"原子量"转换成"克"来表达，方便化学家在现实世界中使用。摩尔不只是把原子量转换成克，也能把分子量或化学式量转换成克。"化学式量"是化合物中所有原子的原子量总和。以水分子（H_2O）为例，两个氢原子分别是1原子质量单位（u），氧原子则是16u，水分子原子质量总和是18u。所以水的原子质量为18u，1摩尔水的质量为18克（因为有同位素的关系，这些元素的原子量并不是整数，但为了简单起见，这里已经四舍五入了）。

6.0221367×10^{23}

图71　未知的数字：这组以阿伏伽德罗命名的数字并不是他本人提出的。最早为这个数字命名的是法国物理学家让·皮兰（Jean Perrin，1870—1942年），时间在1908年。[1]

---

[1]　2018年第26届国际计量大会重新定义了摩尔：1 mol精确包含$6.02214076 \times 10^{23}$个基本单元。——译注

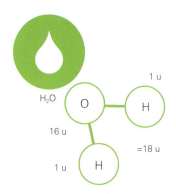

图72　H_2O的分子结构，水分子的总原子质量为18u。

摩尔的应用

摩尔对化学家而言是个强大的工具。假设你有22.99克的钠（Na），想要结合氯（Cl）来制造食盐，但又不想加入过多的反应物造成浪费，你知道要使用多少氯吗？很简单，因为钠的原子量是22.99u，所以你有1摩尔的钠。你也知道食盐的化学式为NaCl，那么每1个钠原子需要搭配1个氯原子，或是每1摩尔的钠需要搭配1摩尔的氯。氯的原子量为35.453，因此需要35.453克的氯。实际上，没有100%有效的反应，所以不是每个反应物的粒子都会发生反应，上述只是让你理解这个概念。把气体拿来称重非常耗时间，但幸好可以把摩尔的概念转换成体积，用来测量液体和气体（见右栏）。

其他应用摩尔的测量方式

与摩尔概念有关的术语，有摩尔质量和摩尔体积：

摩尔质量是指1摩尔物质的质量，单位为克/摩尔（$g \cdot mol^{-1}$）。

摩尔体积（V_m）是指1摩尔物质占据的体积，跟密度有关，因此也跟温度和压强有关。不过液体的密度变化不大，所以液体在室温下和海平面时的摩尔体积，在很大的范围内都适用。对气体而言，V_m必须视温度和压力而定。在标准温度和压力下，任何气体的V_m都是22.4升。

摩尔让我们能通过称重来计算数量。摩尔把元素的原子量转换成克来表达，方便化学家在现实世界中使用。

阿莫迪欧·阿伏伽德罗

　　阿莫迪欧·阿伏伽德罗用大胆的新观念建立起微观世界和宏观世界之间极为重要的联系，但他在自己的时代却被忽视。尽管阿伏伽德罗接受过律师的培训，但在开始从事科学事业之前，还是自学了数学、化学和物理。

引路的明灯

　　约翰·道尔顿对原子量的研究似乎遇到了难以克服的障碍。虽然他能找出化合物中元素的相对比例，但却无法和化合物的分子式联系起来。例如，道尔顿假设水的氢氧比是1∶1，但他把氧的原子量算错了，这就破坏了他的整个体系。

　　阿莫迪欧·阿伏伽德罗（Amedeo Avogadro，1776—1856年）是来自意大利北部的贵族。他指出了一条明路，引进了摩尔的概念，如此一来就能计算实际的原子量，并由此得出实验式（见第110—111页）。阿伏伽德罗一直从事法律工作到1800年，然后才开始接受科学教育，成为物理学家。

弥补差距

　　阿伏伽德罗的突破是以法国化学家约瑟夫·盖伊-吕萨克（1778—1850年）的两项发现为基础。第一，所有气体都会随着温度升高而等量膨胀。第二则是"化合体积定律"：气体相互反应时，各种气体的体积会成简单的整数比。例如，2体积的氢气+1体积的氧气→2体积的

> 在同温同压下，相同体积的任何气体都含有相同数量的最小粒子。
>
> ——阿莫迪欧·阿伏伽德罗

水蒸气。道尔顿自己没有领悟到，盖伊–吕萨克的定律就相当于普鲁斯特的"定比定律"（见第98—99页），可以证实他的原子理论。

阿伏伽德罗倒是看出了其中关联。他大胆指出，盖伊–吕萨克的第一个发现意味着"在同温同压下，相同体积的任何气体都含有相同数量的最小粒子"，也就是现在所谓的阿伏伽德罗定律。后来他把这些粒子叫做"分子"，并提出氧和氢之类的气体可能是双原子分子。通过他的定律和化合体积定律，阿伏伽德罗算出：氢和氧必定是以2：1的比例结合成水，因此水的分子式必须是 H_2O。这终于让人得以计算出元素正确的原子量。

不幸的是，阿伏伽德罗杰出的想法在当时并没有任何影响力（见右栏）。必须等到1860年，他已经去世之后，意大利化学家斯坦尼斯劳·康尼查罗（Stanislao Cannizzaro，1826—1910年）才证明了阿伏伽德罗假说的力量，迫使科学界重新思考。反之，关于原子量和分子式的争论和混乱仍在继续。

无名英雄

为什么阿伏伽德罗的观点被忽略了？应该是多种因素造成的。阿伏伽德罗生活在都灵，远离当时的科学权力中心。同时大家都知道他是个糟糕的实验者，这意味着其他化学家不把他当回事，而他也毁坏了自己的事业，因为他无法用可靠的数据来支持自己的假设。就连他指出氧和氢是双原子分子也害了他，因为当时的主流理论是永斯·贝采利乌斯（见第108—109页）提出的，认为同一元素的原子会互相排斥。

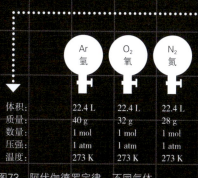

图73　阿伏伽德罗定律：不同气体的质量和分子式虽然不同，但在标准压强和温度下，1摩尔气体所占的体积必定是 22.4 升。

离子与电荷

电化学的出现开创了令人兴奋的科学新领域。为了了解这种先进的技术，让我们快速复习一下离子和电荷的基本知识，包括不同类型离子的名称。这些名称看上去有些复杂，但实际上很有逻辑性。

寻求稳定性

正如我们在第二章读到的（见第64—65页），原子的价层会失去或获得电子，以达成稳定的电子结构。当原子给予或接受一个或多个电子时，质子数和电子数就变得不匹配了。这时原子会得到正电荷或负电荷，成为离子。

根据八隅体规则，原子形成离子时，会失去或获得电子——因为它们想拥有和元素周期表中最邻近的稀有气体相同的电子构型。例如形成食盐（NaCl）时，钠提供一个电子给氯。钠原子变成电荷为+1的正离子（带正电的离子），符合氖的电子排列；氯原子则变成电荷为−1的负离子（带负电的离子），符合氩的电子排列。元素名称后方上标的文字代表电荷，所以食盐含有Na^+离子和Cl^-离子。

离子化合物通过带正电和带负电的离子之间的静电吸引而形成的，这种作用称为离子键。盐类是典型的离子化合物，由酸和碱（通常是金属）反应形成。金属盐通常会形成晶格结构。

多样化的物种

"物种"是化学家用来描述离子类型的术语，包括"单原子"离子和"多原子"离子。元素或化合物能够产生的离子种类是有周期性的（见第124—125页）。例如在单原子离子中，碱金属形成电荷为+1的正离子，氧和硫则形成电荷为−2的负离子。在英文中，负离子的名称以"-ide"结尾，所以氧和硫的负离子，分别代表氧化物（oxide）和硫化物（sulfide）的离子。

过渡金属具有不同的氧化态（见第90—91页）。这表示它们可以形成带有不同正电荷的离子，电荷相当于氧化态。氧化态（也就是电荷）通常在括号中用罗马数字表示，但也可以用命名规则来表示。在英文中，氧化态较低的离子名称以"–ous"结尾，所以铁(Ⅱ)Fe^{2+}是二价铁(ferrous)，而铁(Ⅲ)Fe^{3+}则是三价铁(ferric)。

多原子物质的数量非常多，大部分是"氧负离子"——也就是含有氧的负离子。在英文中，氧负离子的名称通常以"–ate"结尾。那些电荷相同但氧原子较少的化合物则以"–ite"结尾，所以，SO_4^{2-}是硫酸盐(sulfate)，但SO_3^{2-}是亚硫酸盐(sulfite)。其他重要的多原子负离子包括碳酸氢盐（又叫酸式碳酸盐，HCO_3^-）、硝酸盐（NO_3^-）、亚硝酸盐（NO_2^-）、氢氧化物（OH^-）、氰化物（CN^-）和过氧化物（O_2^{2-}）。

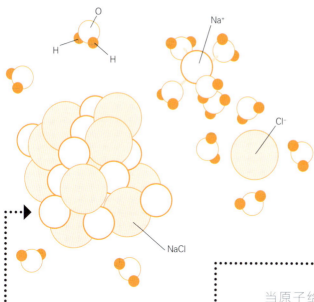

图74 食盐（NaCl）是通过强大的离子键结合在一起的晶体。把食盐放在水中搅拌溶解时，离子键会断裂，离子被释放到水中。每个Na^+和Cl^-离子都会吸引一层水分子，避免离子重新形成晶体。这种过程就叫水合作用。

当原子给予或接受一个或多个电子时，质子数和电子数就变得不匹配了。这时原子就会带上正电荷或负电荷。

永斯·雅各布·贝采利乌斯

继拉瓦锡之后，化学界的下一位杰出人物就是永斯·雅各布·贝采利乌斯了。他有许多的发现，并推进了他的科学理论和实践。在探索了电解的新技术后，他又完善了定量化学的技术，发现新的元素和化合物，也设计了一套符号系统，成功地主导了欧洲的化学。

接受的是医生的培训，但他真正的爱好是化学，尤其是电化学的新领域。电化学的诞生是因为伏打（Volta）在1800年发明了伏打电堆（见右栏）。

1803年，贝采利乌斯把电极插入中性的盐溶液中，注意到在正极周围形成"酸"的成分，在负极周围则形成"碱"。几年后，汉弗莱·戴维利用电解法分离出钠、钾和碱土金属（见第114—115页）。贝采利乌斯于是坚信，电对于分解化合物和键合元素是非常重要的。他以此为基础，制定出"二元论"，把所有物质分成带正电或带负电。他认为以带负电的物质作为酸、以带正电的物质作为碱时，就会形成盐类。同时他也坚信，氧是所有酸和碱的必要成分。

伏打电堆的力量

永斯·雅各布·贝采利乌斯（Jöns Jacob Berzelius，1779—1848年）出生于瑞典的韦弗桑达（Vöversunda）。他阅读了每一本可以获得的化学教科书，克服了早期无法接受教育的困难。虽然他

贝采利乌斯极大地改进了原子量和分子式的计算。

精准度与影响力

　　贝采利乌斯在定量化学中达到了新的精度标准，极大地改进了原子量和分子式的计算。他将继续制备、纯化和分析2000多种物质，包括几种新的元素。但他的二元论排斥阿伏伽德罗的双原子分子理论，导致一些重要元素的原子量和分子式非常混乱，尤其是气体。

　　在其他成就中，贝采利乌斯还证实了有机化合物也和无机化合物一样，遵循相同的组成比例法则，并且帮助描述了有机化学中的一些重要现象。但他最杰出的成就也许是：尽管生活在斯德哥尔摩，远离欧洲的科学中心，但大约从1820年开始，他就成功主导了欧洲的化学界。通过编写一本不断更新的标准教科书，以及编辑一本重要的年鉴，贝采利乌斯成了化学界的守门人。不过在后来几年中，他变得愈来愈故步自封、事事阻拦，且因为被边缘化而怨念很深。

伏打电堆

　　伏打电堆彻底改变了许多科学研究，但这项发明其实非常简单：在交替堆叠的铜片和锌片之间插入浸过盐水的纸板。这种原始电池的发明者是意大利的亚历山德罗·伏打（Alessandro Volta，1745—1827年），并以他命名为伏打电堆。伏打电堆能产生足够的电压，进行电解。物理学家威廉·尼科尔森（William Nicholson）和外科医师安东尼·卡莱尔（Anthony Carlisle）得知这种新设备后，马上制造了一个，并用它把水分解成氧气和氢气。这两位英国人在伏打发表他这种设备的论文之前，就率先发表了他们的研究结果。

　　－
　　＋
电子
电解液
锌
铜

图75　伏打电堆

化学符号

· · · · · · · · · ·

19世纪化学家的梦想就是为化学引进和数学一样严格的精准度，就像牛顿改变物理学一样。现在任何读化学的人都知道他们成功了，因为如今没有什么比化学方程式更能代表这一项成就。贝采利乌斯的永恒成就之一，就是搭起了这座桥梁。

符号的需求

· · · · · · · · · ·

贝采利乌斯于1813年开始建立新的符号系统，用符号来代表化学物质的比例。和命名法一样（见第94—95页），过去的标记方法也很随意，反映了几千年来化学在许多文化和语言中不稳定的发展历程。炼金术士通常使用来源神秘、含义丰富的符号，但发现了新物质、对元素有新的理解之后，就需要采用新的方法了。

约翰·道尔顿用一系列简单的图表构成了他自己的系统，但却存在着明显的缺陷。贝采利乌斯解释说，化学符号应该是字母，他决定使用元素拉丁名称的第一个字母，例如硫=S。如果某元素的首字母和另一个元素相同，则使用前两个字母，例如硅=Si。如果两个元素的前两个字母都相同，那么就使用它们的首字母和第一个不同的辅音，例如stibium（锑）=Sb，stannum（锡）=Sn。第118—119页的元素周期表显示了每种元素的字母组合。印刷业者十分喜欢这套系统，因为可以使用他们既有的字模，于是很快就成为通用标准。

图76　各种炼金术符号的印刷版。

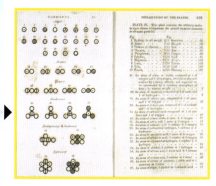

图77　道尔顿为元素设计了一套新的符号系统，但是不好用，因为印刷业者必须替符号制作新的字模，所以一直没有流行起来。

在现代化学符号中，元素符号后下标的数字代表分子中的原子数，而若是离子，元素符号后上标的文字则代表正电荷或负电荷。元素符号前下标的数字代表原子序数，上标则代表质量数。原子质量也代表元素的同位素，例如^{12}C就是碳–12。

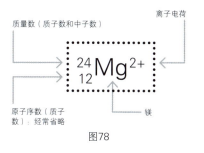

质量数（质子数和中子数）　　　　离子电荷

$$^{24}_{12}Mg^{2+}$$

原子序数（质子数）：经常省略　　　　镁

图78

成功的方程式

在新的系统中，将符号放在一起就可以代表化合物，而且贝采利乌斯

还引进了一种惯例，就是每个符号代表物质一倍的体积或质量，其他倍数则由系数（符号前面的数字）表示。现在，化学方程式也可以像数学方程式那样编写了。在方程式中，两边用箭头→隔开，箭头显示从反应物到产物的方向。许多化学反应是可逆的：能够双向进行，但其中一个方向可能比另一个方向发生得快。最后两个方向发生的速率会相等。在这种情况下，就使用双向箭头 $\rightleftharpoons$ 。

"物质守恒定律"对化学方程式具有重要意义：因为原子不能被创造或毁灭，所以方程式的其中一边必须和另一边拥有相同数量的原子。换句话说，化学方程式必须达到守恒。以"氢+氧=水"的等式为例，由于氢和氧都是双原子，所以写成：

$$H_2+O_2 \rightarrow H_2O$$

但这个方程式没有达到守恒，因为左边有2个氧原子，右边却只有1个氧原子。为了使两边相等，需要在H_2和H_2O的前面各加上系数2，使得每一边有4个氢原子和2个氧原子：

$$2H_2+O_2 \rightarrow 2H_2O$$

这就是所谓的"配平"。

电解

电解的意思就是"用电来分解"，而伏打电堆问世后，电解就成了分析化学家手中一种强大的新工具。电解或电化学电池可以用来分离离子、产生氧化还原和置换反应、分解化合物，以及分离出纯的元素。

驱动反应

电解是一种让电流通过，使浸泡在电解质的电极上产生化学反应的方法。电极是固体，通常是金属条，连接到电池或伏打电池之类的电源上。如同电池有正极和负极两端，电极也有正极或负极。正极相连的称为阳极，负极相连的称为阴极。电解质是导电溶液，或是带有可导电离子的液体。盐水（盐溶液）是典型的电解质。在食盐水中，氯化钠会分解成钠正离子（带正电荷的离子）和氯负离子（带负电荷的离子），受到电极吸引时，会在溶液里迁移。

电流流动时，电子流向阴极，使它带负电荷，因而吸引正离子。同时，阳极带正电，吸引负离子。由于电子流动的关系，电解质和电极的界面处会发生化学反应。阴极会得到电子，发生还原反应，而阳极则是失去电子，发生氧化反应。因此，电解池是为氧化还原反应提供动力的一种装置（见第90—91页）。

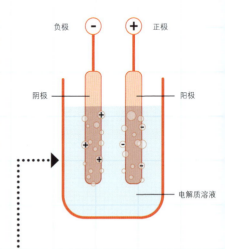

图79　电解盐水（氯化钠溶液）。在电极和电解质接触的地方会发生还原和氧化反应。结果形成氢氧化钠溶液，而氯气和氢气则以气泡的形式冒出。

电解的应用

尼科尔森和卡莱尔是最早使用伏打电堆的人（见第109页），他们把铂丝电极放进一碗水里，结果成功分解了水。水分解时，氢离子受到阴极吸引，在阴极获得电子，还原为氢气，冒出溶液。在阳极，氢氧根离子被氧化，生成水和氧气：

$$4OH^-(aq) \rightarrow O_2(g) + 2H_2O(l) + 4e^-$$

贝采利乌斯则用电解池来分解盐的离子（见第108—109页），就像电解盐溶液一样。氯离子受到阳极吸引，在阳极氧化成氯气：

$$2Cl^-(aq) \rightarrow Cl_2(g) + 2e^-$$

Na^+离子移动到阴极，但要还原钠离子比还原氢离子需要更多的能量，因此产生氢气，钠则形成氢氧化钠：

$$2Na^+(aq) + 2H_2O(l) \rightarrow H_2(g) + 2NaOH(aq)$$

电镀

电极本身也可以参与电解反应。例如把铜电极浸入硫酸铜溶液中，让电流通过，阳极处的铜原子就会氧化成铜离子。阴极处的铜离子则还原成铜原子，沉积在电极表面。最后阳极被腐蚀掉。这个过程可用来电镀阴极：把阴极换成一个金属物体，它的表面就会镀上薄薄一层铜。这就是镀金和镀银的方法，也可以通过类似的过程从矿石中提取金属。

手腕上的电解反应

电池或伏打电堆基本上就是逆向运行的电解池，所以会产生电能，而不是消耗电能。手表电池是一种干电池，锌外壳是阳极，钢阴极则在电池的中心。电解质是含有氧化汞的碱性糊剂。大部分小型设备都使用干电池，汽车使用的则是湿电池。

图80 1882年早期镀镍设备的插图。

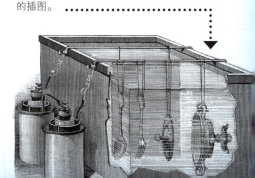

汉弗莱·戴维

和永斯·雅各布·贝采利乌斯同时代的一个伟大人物，是英国化学家汉弗莱·戴维。为了让化学这门科学受到瞩目，他付出的努力超越任何人。虽然他对基础理论的贡献不像其他人那么重大，但他的发现和发明却让他成为当时最有名的化学家，或许也是有史以来最著名的化学家。

快乐气体

汉弗莱·戴维（Humphry Davy）于1778年出生在英格兰康沃尔郡的彭赞斯（Penzance）。虽然原本是个贫穷的乡下人，但他还是通过科学功成名就。他和贝采利乌斯一样，靠教科书学习化学，也和其他许多化学家一样，原本是药剂师的学徒。1798年，他在布里斯托尔的气体研究所找到一份工作，这个机构把最新的气体学发现应用于医学上。

戴维在1799年发表第一篇论文，其中抨击了拉瓦锡的热学理论，认为热是运动，而光是物质。戴维用一氧化二氮（N_2O，也就是笑气）进行实验，并把自己当作小白鼠，结果发现它有产生幻觉的效果，开始引起大众的注意。虽然戴维提出可以把这种气体当成麻醉剂，但有45年时间都没被当回事，反而是在社交聚会上，吸食这种气体变成了一种时尚。

最高荣誉

戴维在1800年证实伏打电堆产生的电流来自锌的氧化，这项发现让他当选英国皇家学会会员。1801年，他成为伦敦皇家学会的新星，在那里开始一系列受欢迎的讲座。根据拉瓦锡的预测，钾盐和苏打是金属的氧化物，只是当时无法被分解，于是戴维制造了当时最强的伏打电堆。他电解它们至"熔化"状态，分离出纯的钾和钠。翌年他又用同样的方法分离出碱土金属。

研究酸时，戴维分解盐酸，发现盐酸中不含氧，却含有氯。他分

图81 这幅1802年的讽刺画描绘的是英国皇家学会的笑气实验，汉弗莱·戴维（右）正在操作风箱。

离出氯并为它命名，推翻了拉瓦锡关于氧的理论。戴维在1812年受封勋爵，并拒绝为自己发明的安全灯（见右栏）申请专利，放弃了一大笔财富。1819年获封男爵——这是英国史上首位被封为贵族爵位的科学家。1820年，他当选为皇家学会的主席，但因为太过忙于与人争论和结交权贵，科学生涯反而逐渐黯淡。于是他花更多的时间旅行和钓鱼，1829年在瑞士去世。

当他看到微小的钾粒子冲破钾外壳、进入大气然后着火……他喜若狂地在房间里跳来跳去。

——埃德蒙·戴维

拯救生命的灯

使戴维名声大噪的发明是他的矿工安全灯，也就是戴维灯。1815年，有人请他帮忙找出一种能保护矿工不被"沼气"伤害的办法——沼气由易燃的甲烷累积而成，如果接触到明火就会爆炸。戴维发现，如果在火焰的周围装上金属纱网，就能迅速吸收热量，同时让光线通过孔洞。火焰不再热到足以点燃甲烷。只要把灯芯装入一个网状的金属圆柱内，就能制造便宜又耐用的安全灯。

图82 戴维灯还可以当作气体探测器，火焰会根据现场气体的种类烧得更旺、更小或变色。

5

元素周期表

随着元素周期表的发现，无机化学的发展和对元素的探索都达到了高潮。元素周期表是一个简单的结构，它将化学革命的各种发现汇集成了一个有逻辑而统一的整体。本章解释了元素周期表的基本原理，描述元素周期表的发现和确认过程，并介绍后续化学发展中最重要的领域，也就是核化学和有机化学。

元素周期表

●●●●●●●●●●●●●●

　　现在的元素周期表里有118种元素，其中原子序数较高的元素非常不稳定，可能只在粒子加速器的碰撞室里存在过几分之一秒而已。为了避免元素周期表太宽，"f区"的元素（镧系和锕系元素）通常被从周期表中取出，在另一个区域独立呈现。

　　右页的元素周期表显示出118种已知的元素，按照原子序数递增的顺序排列，相同的颜色代表属性相似的元素类别。注意，因氢（H）很难归类，所以在某些版本的元素周期表里，氢（H）会自成一格。

　　下方的表格则列出112种元素的名称和原子量，这些是公认的元素名称，并经过国际纯粹与应用化学联合会（IUPAC）认可。

公认的元素名称

●●●●●●●●●●●●●●

Ac	Au	Br	Cm	Ds	Fm	Hf	K
锕	金	溴	锔	鿏	镄	铪	钾
227	196.9665	79.904	247	281	257	178.49	39.0983
Ag	B	C	Cn	Dy	Fr	Hg	Kr
银	硼	碳	鎶	镝	钫	汞	氪
107.8682	10.811	12.0107	285	162.5	223	200.59	83.8
Al	Ba	Ca	Co	Er	Ga	Ho	La
铝	钡	钙	钴	铒	镓	钬	镧
26.9815	137.327	40.078	58.9332	167.259	69.723	164.9303	138.9055
Am	Be	Cd	Cr	Es	Gd	Hs	Li
镅	铍	镉	铬	锿	钆	𬭳	锂
243	9.0122	112.411	51.9961	252	157.25	277	6.941
Ar	Bh	Ce	Cs	Eu	Ge	I	Lr
氩	𬭛	铈	铯	铕	锗	碘	铹
39.948	264	140.116	132.9055	151.964	72.64	126.9045	262
As	Bi	Cf	Cu	F	H	In	Lu
砷	铋	锎	铜	氟	氢	铟	镥
74.9216	208.9804	251	63.546	18.9984	1.0079	114.818	174.967
At	Bk	Cl	Db	Fe	He	Ir	Md
砹	锫	氯	𬭊	铁	氦	铱	钔
210	247	35.453	262	55.845	4.0026	192.217	258

碱金属　　过渡金属　　其他非金属

碱土金属　　其他金属　　卤素

镧系元素　　类金属　　稀有气体

锕系元素

元素周期表

	1	2	3	4	5	6	7	8	9	10	11	12	13	14	15	16	17	18
1		2 He																2 He
2	Li	4 Be											5 B	6 C	7 N	8 O	9 F	10 Ne
3	a	12 Mg											13 Al	14 Si	15 P	16 S	17 Cl	18 Ar
4	9 K	20 Ca	21 Sc	22 Ti	23 V	24 Cr	25 Mn	26 Fe	27 Co	28 Ni	29 Cu	30 Zn	31 Ga	32 Ge	33 As	34 Se	35 Br	36 Kr
5	b	38 Sr	39 Y	40 Zr	41 Nb	42 Mo	43 Tc	44 Ru	45 Rh	46 Pd	47 Ag	48 Cd	49 In	50 Sn	51 Sb	52 Te	53 I	54 Xe
6	s	56 Ba	57–71 * anthanides	72 Hf	73 Ta	74 W	75 Re	76 Os	77 Ir	78 Pt	79 Au	80 Hg	81 Tl	82 Pb	83 Bi	84 Po	85 At	86 Rn
7	r	88 Ra	89–103 ** actinides	104 Rf	105 Db	106 Sg	107 Bh	108 Hs	109 Mt	110 Ds	111 Rg	112 Cn	113 Uut	114 Fl	115 Uup	116 Lv	117 Uus	118 Uuo

* 镧系元素

57 La	58 Ce	59 Pr	60 Nd	61 Pm	62 Sm	63 Eu	64 Gd	65 Tb	66 Dy	67 Ho	68 Er	69 Tm	70 Yb	71 Lu

** 锕系元素

89 Ac	90 Th	91 Pa	92 U	93 Np	94 Pu	95 Am	96 Cm	97 Bk	98 Cf	99 Es	100 Fm	101 Md	102 No	103 Lr

Mg 镁 24.305	Nd 钕 144.24	P 磷 30.9738	Pt 铂 195.078	Rh 铑 102.9055	Sg 𨭎 266	Tc 锝 98	V 钒 50.9415
Mn 锰 54.938	Ne 氖 20.1797	Pa 镤 231.0359	Pu 钚 244	Rn 氡 222	Si 硅 28.0855	Te 碲 127.6	W 钨 183.84
Mo 钼 95.94	Ni 镍 58.6934	Pb 铅 207.2	Ra 镭 226	Ru 钌 101.07	Sm 钐 150.36	Th 钍 232.0381	Xe 氙 131.293
Mt 鿏 276	No 锘 259	Pd 钯 106.42	Rb 铷 85.4678	S 硫 32.065	Sn 锡 118.71	Ti 钛 47.867	Y 钇 88.9059
N 氮 14.0067	Np 镎 237	Pm 钷 145	Re 铼 186.207	Sb 锑 121.76	Sr 锶 87.62	Tl 铊 204.3833	Yb 镱 173.04
Na 钠 22.9897	O 氧 15.9994	Po 钋 209	Rf 鑪 261	Sc 钪 44.9559	Ta 钽 180.9479	Tm 铥 168.9342	Zn 锌 65.39
Nb 铌 92.9064	Os 锇 190.23	Pr 镨 140.9077	Rg 錀 283	Se 硒 78.96	Tb 铽 158.9253	U 铀 238.0289	Zr 锆 91.224

元素周期表的先驱

19世纪初，元素发现的热潮，以及对原子量和定比定律的解释似乎都在酝酿着某件事：一场重大的融合，可以将微观世界统一起来，就像牛顿的万有引力定律统一了宏观世界一样。但由谁来实现这个划时代的突破呢？

化学正在酝酿的这件事就是元素周期表，这是伟大的俄国化学家德米特里·门捷列夫（Dmitry Mendeleyev，1834—1907年）的心血结晶（见第122—123页）。但在发现元素周期表之前，还有三个重要的理论模型，它们都窥见了整个周期表的局部，只是当时的化学知识不够完整，因此无法成立，最后门捷列夫才终于在1869年揭示了周期表的全貌。

三元素组法则

周期表先驱中的第一人，是德国化学家约翰·沃尔夫冈·德贝莱纳（Johann Wolfgang Döbereiner，1780—1849年）。他指出最近发现的元素溴，不仅具有介于氯和碘中间的性质，原子量也介于两者之间。在研究其他元素时，他又发现另外两组"三元素组"：钙—锶—钡；硫—硒—碲。他在1829年发表了"三元素组法则"，但当时已知

图83　约翰·沃尔夫冈·德贝莱纳。

成碱组合	
符号	A（原子量）
锂（Li）	7
钠（Na）	23
钾（K）	39
成盐组合	
符号	A（原子量）
氯（Cl）	35.5
溴（Br）	80
碘（I）	127

的54种元素中，似乎只有9种适用，因此并未引起多少关注。

碲螺旋

．．．．．．

阿伏伽德罗的理论在1860年被接受，于是有了修正后更精确的原子量表格。法国地质学家尚库尔图瓦斯（Chancourtois，1820—1886年）是率先按照修正后的原子量依序排列元素的第一人。他把原子量呈螺旋状排列，画在一个圆柱上，结果发现性质相似的元素都排在垂直的同一栏中。他把这个模式叫做"碲螺旋"，因为碲位于系统的中心。不幸的是，在尚库尔图瓦斯1862年发表论文时，期刊漏掉了他的说明图，读者无法看到他的螺旋排列。因而，几乎没人注意到这一成果。

八音律

．．．．．．

短短两年后，英国化学家约翰·纽兰兹（John Newlands，1837—1898年）按照原子量递增的顺序，把元素排列成7行。他发现这种形式赋予元素行相似的属性：每一种元素都和前面的第八种元素相似。身为乐理爱好者，他把这个情形比作八度音阶的第八个音符，并将序列叫做"八音律"。纽兰兹在1865年的论文中提出他的理论，但他的说法有很多漏洞，尤其是在原子量较大的时候，规律就会被打破，因此他遭到嘲笑。门捷列夫元素周期表发表后，纽兰兹说那其实是他先发现的，虽然他的排列方法因为缺乏某些创新而无法像门捷列夫的那么高明。最后英国皇家学会在1887年将戴维奖章颁给了纽兰兹。

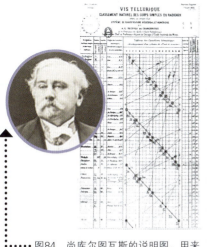

图84　尚库尔图瓦斯的说明图，用来解释碲螺旋的概念。他1862年的论文因为少了这张图而未受重视。

H	Li	Be	B	C	N	O
F	Na	Mg	Al	Si	P	S
Cl	K	Ca	Cr	Ti	Mn	Fe

图85　纽兰兹周期表的一部分，依原子量递增的顺序排列，每列有7个元素。

德米特里·门捷列夫

德米特里·门捷列夫被誉为继拉瓦锡之后最伟大的化学家，他在工业和农业化学方面作出了重要贡献，帮助规范了俄国的度量衡，并编撰具有里程碑意义的教科书。但他最不朽的成就是众所周知的元素周期表，与达尔文和牛顿的成就齐名。

启示之梦

德米特里·门捷列夫（Dmitry Mendeleyev，1834—1907年）出生于西伯利亚，是一个大家庭中年纪最小的孩子。他是位出色的学生，克服了疾病，获得奖学金，到德国向罗伯特·本生（Robert Bunsen）学习（见第130—131页），后来又回到俄国，在圣彼得堡大学教书。

1869年，在编写一本新的教科书时，门捷列夫不禁开始思考能不能根据某种系统或定律来排列元素。他熟悉尚库尔图瓦斯的研究，并开始按照自己的顺序排列元素。他发现，卤素、氧族和氮族可以在周期表中按照原子量递增的顺序排列。为了寻找一个囊括当时已知所有元素的更大的系统，他在卡片上写下每种元素的名称和原子量，并将它们垂直排列。冥思苦想三天之后，他睡着了，并且做了一个有名的梦："在梦中，我看见一张表格，在表格上所有的元素都归位了！"

大胆的新系统

门捷列夫的论文《元素的建议系统》中有一张表格，其中元素依原子量递减的方式排列在栏中，使得每一列的元素具有相似的特性。他的排列方法非

常大胆而具有革命性，因为他没有受到以往种种限制的束缚。他在必要的时候打乱了某些元素的顺序，在它们的原子量旁边标注问号，并在没有任何元素符合规律的地方留下了空位。

对科学理论真正的考验，是提出能被验证的预测，而门捷列夫的周期律就做到了这点。门捷列夫不仅可以预测错误的原子量，还可以预测未知元素的存在，包括它们可能的原子量，甚至是它们的性质。这些未知的元素包括原子量预测为68的"类铝"（eka-aluminum，eka在梵文中表示"一"的意思），和原子量预测为70的"类硅"（eka-silicon）。

他的每一行或每一组元素之间都和当中元素的化合价有某种关联性，让门捷列夫更加深信这份表格是准确的。若以垂直的方向看表格，化合价从锂排的1上升到碳排的4，然后再回到1，规则为1、2、3、4、3、2、1，呈现周期性的上升和下降。这就是他一直在寻找的周期律。虽然还有不一致的地方，但他有足够的信心，认为可以忽略。

图87 门捷列夫原始俄文版的元素周期表，周期以垂直而非水平的方式排列。元素旁边的问号，是指他预测存在但尚未被发现的元素。

图86 这座元素周期表的纪念碑位于斯洛伐克布拉提斯拉瓦的斯洛伐克科技大学，中央是门捷列夫的肖像。

我不怀疑这一规律的普遍性，因为它不可能是偶然的结果。

——德米特里·门捷列夫

周期律

门捷列夫发现的周期律在随后几年得到了完善，并成为研究无机化学的关键。有了这个定律，化学家既能看懂这个领域的宏观大局，也能看懂微观细节，把元素按照相似的物理性质与化学性质分组，还能预测它们会如何相互作用，甚至预测有哪些元素尚未被发现。

对元素排序

和过去试图排出元素周期表的前人一样，门捷列夫也是根据原子量来排列元素。当时亚原子粒子的概念还在猜测阶段，无法知道质子是否存在，更不用说计算它们的数量。这给新的周期系统带来问题，因为原子量并不会影响元素的化学性质。元素的化学性质是由价层的电子数决定的，而化学性质又由其质子数——原子序数决定（见第28—29页）。现代的元素周期表是按照原子序数排列，并且原子序数

的主要功能就是把化学行为相似的元素呈现出来。

元素周期表把元素分成七行，或称"周期"，同一行的原子序数由左向右递增。这种排列下，元素每一垂直的栏就会形成"族"，同一族的元素具有相似的物理性质和化学性质。

图88显示前四个周期，分别有2、8、8和18个元素。这个顺序和重复规律的化学性质和物理性质之间有什么关系呢？这些数字告诉我们各周期的价层大小。第一周期有氢和氦，它们的价层只有一个电子

图88　元素周期表的前四个周期。

¹H

图89　元素周期表中前18个元素的价层（在反应过程中，提供/获得电子的外层）。

 ²He

 ³Li
 ⁴Be
 ⁵B
 ⁶C
 ⁷N
 ⁸O
 ⁹F
 ¹⁰Ne

 ¹¹Na
 ¹²Mg
 ¹³Al
 ¹⁴Si
 ¹⁵P
 ¹⁶S
 ¹⁷Cl
 ¹⁸Ar

层，只能包含2个电子。下一周期的电子层最多可包含8个电子，第三周期也是，而第四周期可容纳18个电子。图89显示周期表中前18种元素的价层电子构型。每层其实还可以再细分为轨道，所以实际情形会比这里描述的更复杂一些（见第129页）。

预测能力

正如门捷列夫所证实的那样，周期律是一种强大的工具，让化学家得以预测尚未发现的可能元素。数年过去了，没有人发现类铝和类硅，就是门捷列夫预测存在的两种元素。法国化学家保罗·勒科克·德·布瓦博德兰（Paul Lecoq de Boisbaudran，1838—1912年）决心找到其中一种。他知道类铝的原子量约为68，因此在锌的矿石中寻找，锌的原子量约为65。最终他利用光谱学（见第130—131页）鉴定出一种新元素，原子量为69.72，他把它命名为镓。

更多的发现进一步证实了门捷列夫是对的。1879年发现了钪元素，符合类硼的预测，类硅则在1886年被发现，并被命名为锗。

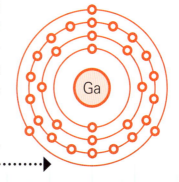

图90　镓（Ga）的电子构型，显示外层轨道中有三个电子，化合价为3。

看懂元素周期表

元素周期表将元素依照"类"和"族"排列，这样要分类并描述元素就容易多了。理解这些族的关系对任何学化学的人来说都非常重要。只要掌握决定各族特殊的基本规则，化学就没那么复杂了，你也会更容易弄懂那些令人困惑的名称和术语。

金属、非金属和类金属

元素周期表中的元素可以用多种方法来划分。一种是把它们分成三大类：金属、非金属和类金属。从原子序数5的硼（B）开始，在元素周期表中画一条阶梯状向下的线，一直延伸到原子序数84的钋（Po），左侧所有元素都是金属，但不包含锗（Ge）和锑（Sb）。非金属（包括氢）都在线的右侧，落在线上的元素则是类金属。

金属具有日常生活中非常熟悉的物理特性。它们几乎都是固体，大部分都坚硬、密度大、有光泽，敲打时会发出"叮"的声音。金属具有延展性和可塑性（可以拉成细线，也可以锤打成扁平状）。化学家会根据导电性来给金属分类——

金属是热和电的良导体。在化学反应中，金属通常会失去或供给电子。

非金属包括多种气体和液体，固体则易脆。非金属是不良导体，在化学反应中倾向获得电子。

类金属又叫半金属，结合了金属和非金属的特性，包含导电性。所以类金属是半导体，广泛用于电子领域。

元素周期表中大部分的元素都

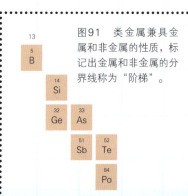

图91 类金属兼具金属和非金属的性质，标记出金属和非金属的分界线称为"阶梯"。

会形成氧化物。这些元素在水中的行为，通常取决于该元素是金属还是非金属。金属会形成碱性氧化物，和水反应形成碱性溶液。非金属则会形成酸性氧化物，和水反应产生酸性溶液。有些元素（例如铝）会形成两性氧化物，既可以跟酸反应，也可以跟碱反应。

族的关系

另一种划分元素周期表的方法是分成垂直的列，每一列为一族。它们被编成1到18号——或者用更传统的方式，以罗马数字和字母来编号。某些重要的族值得深入了解一下。

碱金属（第1族）

碱金属有很高的反应活性，而且非常柔软，可用刀子切割。碱金属有一个最外层的电子，或称价电子，失去后会形成带一个正电荷的离子，因此碱金属的氧化态为+1（见第90—91页）。氢在元素周期表中的位置很像是第1族的成员，但那只是按照它的原子序数排列。实际上，氢自成一族。

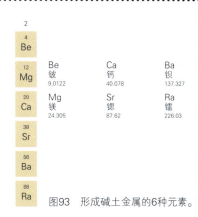

1			
Li	Li 锂 6.941	K 钾 39.0983	Cs 铯 132.9055
11 Na	Na 钠 22.9897	Rb 铷 85.4678	Fr 钫 223.02
19 K			
37 Rb			
55 Cs			
87 Fr			

图92　组成碱金属的6种元素。

碱土金属（第2族）

碱土金属通常也很活泼。它们和第1族的金属一样，在大自然中是以离子形态存在，但由于碱土金属各自拥有两个价电子，因此氧化态为+2。

2			
4 Be	Be 铍 9.0122	Ca 钙 40.078	Ba 钡 137.327
12 Mg	Mg 镁 24.305	Sr 锶 87.62	Ra 镭 226.03
20 Ca			
38 Sr			
56 Ba			
88 Ra			

图93　形成碱土金属的6种元素。

卤素（第17族）

卤素因为倾向与金属反应形成盐类（希腊文中的halx）而得名。它们每个都有7个价电子，因此通常是强氧化剂，再获得一个电子后，形成带有一个负电荷的离子。

图94　组成卤素的5种元素。

这三族都显示出典型的周期性趋势。同一列中愈往下，族的特点性质就愈弱，而且每族的第一个成员通常都不太典型，例如锂的化学性质就和其他碱金属不太一样。

稀有气体（第18族）

门捷列夫建构元素周期表时，无人知晓稀有气体的存在，而它们被发现后，他一开始还很担心出现一类新的元素会破坏他的理论。事实证明，稀有气体是最后一块拼图，漂亮地拼接在了元素周期表的尾端。稀有气体拥有八个电子的完整价层，非常不容易发生反应。

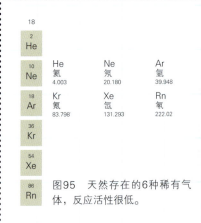

图95　天然存在的6种稀有气体，反应活性很低。

图96　元素周期表可以分为好几个区块。区分方法是根据能量最高的电子。

字母区块

· · · · · · · ·

第三种划分元素周期表的方法是根据电子轨道。如第124—125页所说的，每个周期里，电子亚层依序离原子核愈来愈远。这些轨道被细分为s、p、d和f轨道，最多分别容纳2、6、10和14个电子。在一个周期里，随着原子序数增加，元素也依次填充每个轨道。因此元素周期表根据轨道划分成几个区块：

s区包括第1族和第2族。

p区包括第13族到第18族，沿着周期从左向右，逐渐填满p轨道。

d区包括第3族到第12族，叫过渡金属。顺着周期移动时，电子依序填满d轨道。由于d轨道最多可容纳10个电子，因此d区块的宽度是10种元素。

进入第6和第7周期时，开始出现f轨道，但为了节省空间，f区通常单独拉出来放在元素周期表下方，包括镧系元素［又叫做稀土元素（在第6周期）］和锕系元素（在第7周期）一样，它们都是放射性元素。由于f轨道最多可容纳14个电子，因此f区块的宽度是14个元素。

超重元素

原子序数非常高的时候，原子核会变得很大且不稳定，因此元素会变得具有放射性（见第132—133页），会通过衰变(分解)产生原子序数较低的元素。这表示原子序数最高的天然元素是92号铀（U）和94号钚（Pu）。如果在核反应中形成比它们还要重的元素，几乎会马上衰变。但原子撞击技术让科学家能够以人工的方式创造出元素周期表中预测的许多超重元素。在写这本书的时候，最新创造的元素是117号的Uus。美俄团队在2010年，通过把原子序数20的钙（Ca）原子和97的锫（Bk）原子撞击在一起，实现了这个目标。有史以来最重的元素是118号的Uuo。这些超重原子的名称都是临时的，由国际纯粹与应用化学联合会（IUPAC）创建，直到有大家认同的永久名称和符号为止。[1]

---

[1]　根据IUPAC和全国科学技术名词审定委员会确认，113号至118号元素的符号和中文名分别为：Nh（鉨）、Fl（鈇）、Mc（镆）、Lv（𫟼）、Ts（鿬）、Og（鿫）。——译注

测量光：光谱学

周期律揭示了一个事实：化学和物理学是紧紧相连的。伏打电堆是一种从化学中诞生的技术，它开启了化学和物理学的新世界，进而代表19世纪和现代的开端。如今化学和物理学结合，诞生了新的光测量技术，把化学和物理学的范围扩展到了真正的新世界——其他星球！

研究阳光

德国光学家约瑟夫·冯·夫琅和费（Joseph von Fraunhofer）首先注意到，透过光学镜片观看火焰的光谱（波长范围）时，有明显的亮线。他把玻璃对准太阳，发现有暗线打断连续的光谱，当时无法解释这样的现象。

就在这个时候，德国海德堡大学的化学教授罗伯特·本生注意到燃烧某些元素，会产生特定颜色的火焰。海德堡大学的物理学教授古斯塔夫·基尔霍夫（Gustav Kirchhoff）帮助本生分析这个问题。1859年，他们利用棱镜的折射（使光线改变方向）分离不同的波长，得到不同元素的光谱。他们还证明各种元素发射的独特光谱可用来辨别元素，就像是光谱的指纹。

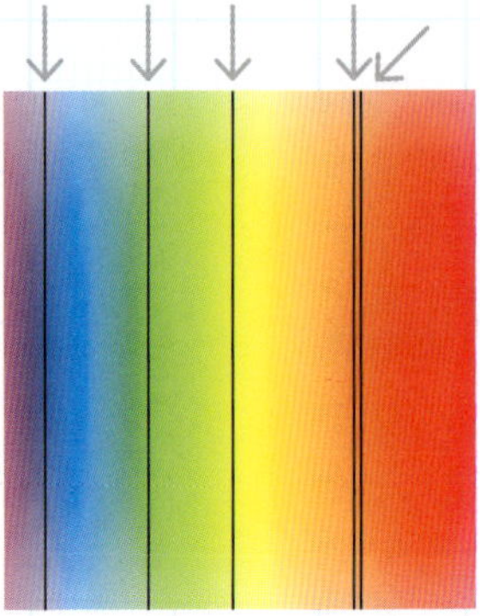

1860年至1861年，本生通过这种名叫"光谱化学分析"的技术证明了两种未知元素的存在。它们非常微量地存在于矿泉水中，其中一种会产生深红色的光谱线，因此称为铷（拉丁文中"深红色"的意思）。同时基尔霍夫也巧妙地将这项技术逆向应用于太阳光的分析。他和本生发现，冯·夫琅和费的暗线相当于钠产生的亮黄色线。他们得出结论：钠必定存在太阳的大气

图97　太阳光谱中的吸收线"夫琅和费线"。

中，而且会吸收黄光，让光谱中的黄光到不了地球。此时的科学已经能够分析其他星球的元素。

量子跃迁

分析物质发射的光谱叫"发射光谱"。这取决于控制原子轨道中电子能级（或电子状态）的规则。当电子吸收量子的光能时，会从稳定态或基态跃迁到激发态。当电子返回原来的位置时，会以光的形式发射量子。所需的量子数取决于所讨论的轨道，反过来，这决定了电子从激发态恢复到基态时所发射的光的波长。每种元素都拥有独特的电子构型，因此有独特的吸收光谱和发射光谱。这表示光谱可以用来判断原子的电子构型，以及元素的原子序数。

光学仪器

光谱学的基本仪器是光谱仪，它具有只能让一束光通过的狭缝。准直仪（让光束变窄、形成平行光束的设备），能通过折射或绕射来分离波长的棱镜或光栅，以及望远镜或显微镜的物镜，可让使用者观察。若在仪器上加装相机或其他记录设备就可成为摄谱仪，而加装测量光谱的校准标尺，则可成为分光计。

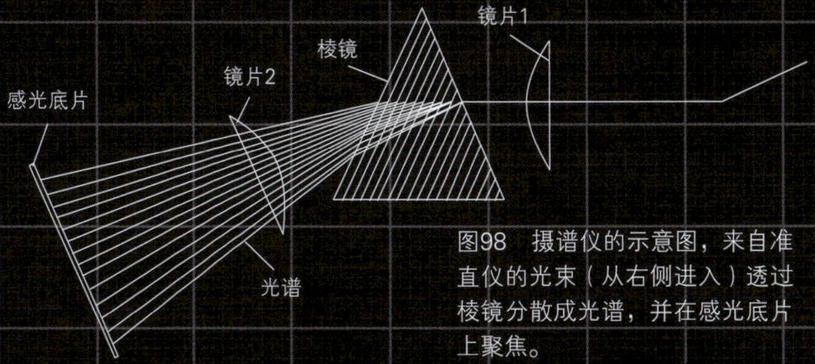

图98　摄谱仪的示意图，来自准直仪的光束（从右侧进入）透过棱镜分散成光谱，并在感光底片上聚焦。

同位素与放射性

　　一般化学变化或化学反应几乎只讨论电子的作用和行为，很少深入到原子核层面，因为化学变化和化学反应大多和共价键、离子键、电化学等现象有关。真正去探讨原子核时，它被称为"核化学"，"核化学"研究的是同位素、放射性和核反应。

同位素

　　同位素是指原子序数相同，但中子数不同，因此原子量不同的原子。例如碳-14和碳-12都有6个质子，所以原子序数相同。不过碳-14的原子核中有8个中子，而碳-12的原子核中只有6个中子，所以它们的原子量分别是14和12。两种同位素的质子数相同，所以有相同数量的电子，因此化学性质也相同。另一个例子是铀-238和铀-235，这两种同位素的原子序数都是92，但铀-238的中子数为146，而铀-235的中子数为143。同位素中的中子数，等于原子量减去原子序数。用科学符号来代表同位素时，是在元素符号的前面以上标的方式标出原子量：

$$^{14}C和^{12}C；\ ^{238}U和^{235}U$$

　　地球上存在的同位素并不是全部一样多。例如，绝大部分的碳原子都是^{12}C。这表示一个元素的"平均"原子质量（或原子量）是以含量最多的同位素为基准。因此碳的原子量非常接近12（原子量相当于12.0115）。地球上大量天然存在的83种元素中，有20种只有一种同位素（单核素），其余的则是最多可达10种的同位素的混合物。

放射性衰变

　　不稳定原子核的衰变会产生放射性，通过亚原子粒子的损失或转化来释放能量。原子核的稳定性取决于质子和中子的比值（P∶N）。同位素的中子太少或太多都不稳定，稳定的比例和原子序数有关。原子核太重时，也会变得不稳定，所有原子序数在84以上的元素都不稳定，具有放射性。当原子核"想要"更稳定的P：N比时，就会发生放射性衰变。这和三种放射线有关：α粒子、β粒子和γ射线。

α粒子有2个质子和2个中子。原子发射α粒子时，原子量下降4个原子质量单位（u），原子序数下降2。发射α粒子，是铀等重核元素的典型特征。衰变是核反应的形式，可以用类似化学反应的方程式来描述，例如：

$$\begin{matrix} \text{[原子量]} \\ \text{[原子序数]} \end{matrix} {}^{238}_{92}U \rightarrow {}^{234}_{90}Th + {}^{4}_{2}He$$

β粒子是中子衰变成质子加电子时，从原子核发射的电子。电子从原子核中射出来，留下质子。这代表原子质量不变，但原子序数增加1。例如氢的同位素叫氚，有2个中子和1个质子，P：N比不稳定。因此其中一个中子会在衰变的过程中变成质子，发射出β粒子。这么一来，原子序数就变成2，把氢原子转换为氦的同位素：

$${}^{3}_{1}H \rightarrow {}^{3}_{2}He + {}^{0}_{-1}e \text{ [β粒子]}$$

虽然β粒子只是一个电子，也还是要用特定的符号来平衡方程式。就像化学方程式一样，两侧的

梦想成真

放射性衰变是嬗变的一种形式，因为它实现了炼金术士梦寐以求的目标：将一种元素嬗变成另外一种元素。但和炼金术士的期待相反的是，天然的嬗变比较倾向于把贵金属变成贱金属，例如铀会一连串衰变成铅。至于人工的嬗变则可以通过原子加速器达成，它可以给元素增加质子和中子。

数字必须相等——在核反应中，原子质量必须和原子序数匹配。在这种情况下：

(3 = 3 + 0)和1 = 2 + (−1)。

γ辐射是电磁能量的一种形式。有时原子核经历α或β衰变后处于激发态，会通过发射非常高能量的光子-伽马射线，来下降到较低的能量态。在电磁波谱上，γ射线很接近X射线。

玛丽·居里与皮埃尔·居里

解释放射性的关键人物是玛丽·居里和皮埃尔·居里。其中玛丽·居里尤其有名，她是第一位两度获得诺贝尔奖的人，并且克服了困难和偏见，为女性科学家开辟道路。居里夫妇开创性的研究有助于揭示放射性的化学性质。

才华横溢的组合

玛丽·居里（Marie Curie，1867—1934年）出生于波兰，是贫穷教师夫妇最小的女儿。她好不容易才接受了教育，并担任家庭教师，帮助姐姐支付在巴黎学医的费用。1891年，她搬去和姐姐一起生活，在索邦大学就读，并且在那里认识了法国化学家皮埃尔·居里（Pierre Curie，1859—1906年）。皮埃尔发现了"压电效应"，也就是加压可使晶体产生电荷，也发现了一些会影响物质磁性的原理。

他和玛丽·居里在1895年结婚。她利用他设计的仪器撰写她的论文《检验沥青铀矿》。法国物理学家亨利·贝克勒尔（Henri Becquerel，1852—1908年）发现铀会放出射线，所以玛丽·居里希望自己也能在沥青铀矿中找到类似的射线。结果沥青铀矿的放射性更强，表示可能含有其他尚未发现的放射性元素。她的丈夫放弃了自己的研究，和她一起完成从大量沥青铀矿中分离出新元素的艰巨任务。

发现放射性

居里夫妇在1898年发现了84号

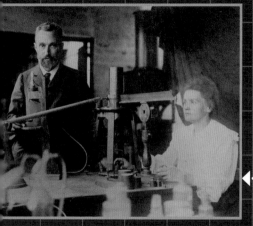

图99　法国化学家皮埃尔·居里和波兰出生的玛丽·居里。

元素钋（Po，以玛丽的故乡命名）和88号元素镭（Ra）。他们创造了"放射性"（radius）一词，并证明β辐射与带负电荷的粒子有关，为了解原子结构奠定了基础。1903年，居里夫妇和贝克勒尔共同获得诺贝尔物理奖，但仅仅三年后，皮埃尔就去世了。玛丽接任他的教职，成为第一位在索邦大学教书的女性。第一次世界大战期间，她帮助指导放射性元素的医学用途，并在1916年因为镭的研究获得诺贝尔化学奖。不过由于长期接触危险物质，她的健康受到损害，最后死于白血病。

半衰期与碳-14年代测定法

碳-14（^{14}C）是一种放射性核素，半衰期为5730年，可用来测定6万年以内的有机残骸的年代。^{14}C存在于空气中的二氧化碳分子中。这会进入食物链，也就是说，所有生物活体中都有^{14}C。生物体一旦死亡，吸收的^{14}C量就开始逐渐衰变，也就是每5730年就会减少一半。比较死亡生物体中剩下的^{14}C和活生物体中的^{14}C，就可以估算出生物体的死亡时间。

图100　沥青铀矿，现在叫方铀矿。玛丽·居里和皮埃尔·居里发现，这种矿物不仅含有铀，还有两种新元素，玛丽称之为钋和镭。它还含有其他许多放射性元素，例如镭和铅，都可以回溯到铀的衰变。

钋和镭的发现促使其他人进一步分离出更多放射性元素，揭开从铀到铅的整个衰变系列。这说明了为什么沥青铀矿含有那么多的放射性元素：一种元素是从另一种元素经过放射性衰变形成的。虽然无法预测单独的放射性原子何时衰变，但只要样本够大，科学家就可以指出样本中一半原子衰变所需的时间，这个数字被称为半衰期。例如氡-222的半衰期是3.8天，因此在3.8天后，有一半的氡-222样本会衰变，而在7.6天后，原子的数量就只剩下四分之一。

有机化学：基础简介

有机化学是碳的化学。碳元素具有独特性质，自成一个完整的科学领域。基于这些性质，碳的化学作用就是生命的化学作用，也是所有与生命相关的化学作用，从汽油到塑料皆然。本章主要对涉及有机化学的主要概念和术语进行简短解释。

发现碳骨架

碳原子有6个质子，因此也有6个电子：2个在内层中，4个在外层（价层）。价层中的4个电子是决定碳的性质的关键，让碳原子可以和其他原子（包括其他碳原子）形成4个共价键（共享一对电子）。这些键可以是单键、双键或三键。成键意味着碳可以形成长链，作为与其他元素连接的骨架。碳原子及其连接物的组合的数量，基本上没有限制。

18世纪晚期，化学家开始区分有机和无机物质之后，有机化学庞大的多样性和复杂性对早期的化学家造成了巨大的挑战。拉瓦锡提出，有机化合物的成分实际上非常有限，全部都包含碳和氢，通常也含有氧，偶尔还含有氮。但随着有机化学研究的进展，就愈来愈难套用任何有系统的规律。这个领域至少有一位先驱——

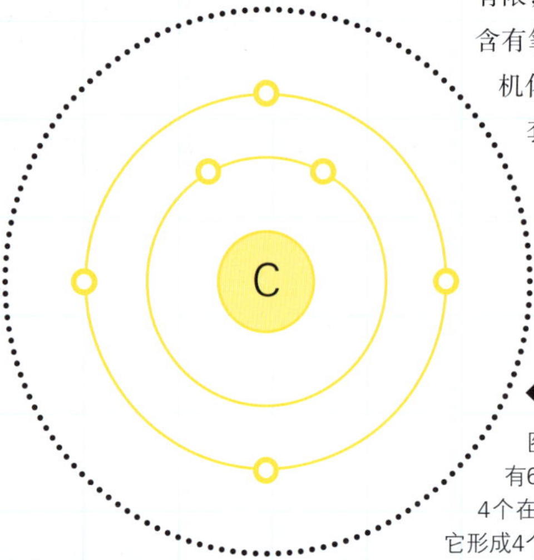

图101　碳原子的电子构型。碳原子有6个质子和6个电子：2个在内层中，4个在外（价）层。外层的4个电子可让它形成4个共价键。

德国化学家尤斯图斯·冯·李比希（Justus von Liebig，1803—1873年）——恼怒到直接放弃尝试系统化，转而研究有机化学的应用。直到1858年，奥古斯特·凯库勒（August Kekulé，1829—1896年）才汇集了所有的研究成果，编写了一套全面的化学结构理论，强调碳支柱或碳骨架的重要性。

碳氢化合物

只有氢原子连接碳骨架时，会形成最简单的有机化合物，叫"碳氢化合物"。

不过它们也有很大的差异性。碳氢化合物的命名系统，是根据碳链中原子之间的键的类型：

烷烃：只有单键的分子。在烷烃中，每个碳原子形成4个键，连接4个不同的原子，这些分子被认为是"饱和的"。

烯烃：有一个或多个双键的分子。

炔烃：有一个或多个三键的分子。

环烃或环己烯：碳原子连接成环状的分子，由6个碳原子组成环。环己烯类是重要的芳烃，环己烯的环由单键和双键交替形成。

烷烃和烯烃

碳氢化合物类型	分子	化学式	化学结构	分子模型
烷烃	甲烷	CH_4		
烷烃	乙烷	C_2H_6		
烯烃	乙烯	C_2H_4		
烯烃	丙烯	C_3H_6		

许多有机化合物太过复杂，无法用分子（化学）式描述，因为可能有双键、三键和碳支链。因此它们也用结构式，显示分子结构中原子的排列方式。例如碳氢化合物丁烷，分子式为C_4H_{10}，但有两种不同的结构式。在正丁烷中，结构简式为直链的碳原子：

$$CH_3—CH_2—CH_2—CH_3$$

这是合并的结构简式，和完全展开的结构式不同——分别显示出每个氢原子和各原子之间的所有键：

$$\begin{array}{ccccccc}
& H & & H & & H & & H \\
& | & & | & & | & & | \\
H—&C&—&C&—&C&—&C&—H \\
& | & & | & & | & & | \\
& H & & H & & H & & H
\end{array}$$

碳链末端的碳原子剩下三个键，因此可和三个氢原子连接。碳链中间的那些碳原子因为两边各用掉一个键来和其他碳原子连接，因此只能和两个氢原子连接。

还有一种可能的排列，也就是碳链上有一个碳原子的支链：

$$\begin{array}{ccc}
CH_3—&CH&—CH_3 \\
& | & \\
& CH_3 &
\end{array}$$

化合物的分子式相同但结构式不同，就叫同分异构体，因此上面这被称为异丁烷。

官能团

氢以外的元素和有机分子键合时，叫做官能团。重要的官能团有醇（—OH基和碳骨架连接）以及胺（和含氮的官能团—NH_2有关）。醇最简单的形式是甲醇（又叫甲基醇或木醇）：CH_3OH。葡萄酒、啤酒和烈酒中的酒精则是乙醇：CH_3CH_2OH。

图102　葡萄酒、啤酒和烈酒都含有乙醇。

凯库勒的梦

奥古斯特·凯库勒宣称，苯（C_6H_6）的六角环状结构是他在梦中看见的。在尝试了解苯的结构时，他打起瞌睡，梦中想象原子像蛇一样扭动。他看到"其中一条蛇咬住自己的尾巴"，就这么突然悟出了苯的结构的形状。

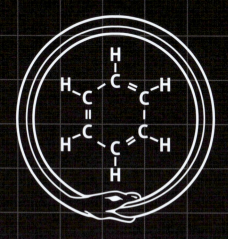

图103　苯的原子结构，就像一条蛇咬住自己的尾巴。

生命的元素

在宇宙所有的元素中，碳的含量排名第四，而对生命而言，碳是最重要的元素。所有的生物都含有某种形式的碳。碳是生命的基石，因为它可以形成许多不同的键，并形成必需的化合物。在地球上，碳循环让光合作用、呼吸作用、分解和碳化（植物体转化为煤）等过程都变得可能。

图104　碳在光合作用中扮演关键角色。